水果不是可有可无的零食，
科学地食用可以吃出健康、好气色。
本书精选26种水果的美容妙用方，
让您吃出营养，敷出水嫩好容颜。

李春深◎编著

# 藏在水果里的美容方

山西出版传媒集团

山西科学技术出版社

图书在版编目（CIP）数据

藏在水果里的美容方 / 李春深编著 . —太原：
山西科学技术出版社，2015.8
　（健康达人系列丛书）
　ISBN 978-7-5377-5178-0

　Ⅰ . ①藏… Ⅱ . ①李… Ⅲ . ①水果—美容—基本知识
Ⅳ . ① TS974. 1

中国版本图书馆 CIP 数据核字（2015）第 189629 号

## 藏在水果里的美容方

出 版 人：张金柱
编 著：李春深
策 划：薛文毅
责 任 编 辑：李 华 宋 伟
责 任 发 行：阎文凯

出 版 发 行：山西出版传媒集团·山西科学技术出版社
　　　　　　地址：太原市建设南路 21 号 邮编：030012
编辑部电话：0351-4956033
发 行 电 话：0351-4922121
经 销：各地新华书店
印 刷：北京龙跃印务有限公司
网 址：www.sxkxjscbs.com
微 信：sxkjcbs

开 本：710mm×1000mm 1 / 16 印张：10
字 数：130 千字
版 次：2015 年 8 月第 1 版 2015 年 8 月第 1 次印刷

书 号：ISBN 978-7-5377-5178-0
定 价：27.00 元

# 前 言

*Preface*

千百年来，人类对美的追求从没有停止过。随着社会的发展，美在人们心目中占有越来越重要的地位，对美好容貌、形体的追求和向往更加迫切。无论时尚的风向怎样转，"崇尚天然"始终是不可动摇的，美容亦是如此。

当您花大量金钱购买美容护肤品来美容养颜的时候，您可知道身边的很多新鲜水果就能达到美容养颜的效果。

水果不仅可以给予我们味觉上的满足、视觉上的享受，还可以让我们轻松吃出好肌肤、美容颜。当然，这其中有许多妙用的学问。

本书将告诉您许多用水果美容的神奇小妙方，让您从头美到脚——大到面部美容，小到齿目美容，全方位地击破各个美容难关。

**特别提示**：本书中的内食方适用于常见小病和身体不适的调养，对于重大疾病患者，应及时接受专业医师的诊治。

CONTENTS

# 目 录

## 水果是天然的美容佳品

在我国居民膳食中，水果与蔬菜一样，是极为重要的组成部分。水果不但富含维生素、碳水化合物和矿物质，而且富含各种有机酸、芳香物质和色素等，使其具有良好的感官性状，从而对增进食欲、促进消化等具有重要意义。

有人认为，蔬菜和水果都含有大量的维生素和无机盐等，两者作用相差无几，能够互相代替。事实上，这种认识是不全面的，因为许多水果中所含有的营养成分是蔬菜所无法替代的。

水果含糖量高于大部分蔬菜。水果中富含多种糖，如葡萄糖、果糖和蔗糖等，这些糖都是人体所必需的，尤其是葡萄糖，易被人体吸收与利用。如苹果含果糖 6.5% ~11.8%，香蕉含蔗糖 13.7%，葡萄含葡萄糖 7.2%。尽管一些蔬菜也含糖，但含糖量远不如水果的高。

理论篇 水果是最好的美容师

水果富含酸类物质，是蔬菜所无法比拟的。水果中含有丰富的有机酸，如苹果酸、柠檬酸和酒石酸等，这些酸类物质是水果独有的，它们能促进消化液的分泌，帮助消化吸收，甚至具有收敛、止泻的作用。

水果中还含有较多的果胶。虽然果胶无法被人体消化吸收，但它却能促进肠蠕动，调节胃肠消化功能和清除肠道排泄物。近些年的研究表明，果胶和纤维素可加速有机氯农药从体内排出，具有排毒之功效；果胶还可减轻铅在体内的毒性。此外，果胶还可降低血液中胆固醇的含量，有助于预防动脉粥样硬化和冠心病等疾病。

水果可生吃，所含维生素不会被破坏。而蔬菜中所含的维生素，则大部分会在烹调中被破坏。

水果还具有一定的药用价值。比如红枣可补益脾胃、养血安神；梨可治疗感冒、咳嗽、急性气管炎；香蕉有润肺滑肠的作用；山楂有活血强心的作用，可防治冠心病和高血压；柑橘可用于治疗胸闷、腹胀等。

从以上5个方面来看，蔬菜并不能完全代替水果，水果在膳食中的地位应得到重视。

# 吃对水果的"性"与"味"

根据中医理论，水果也有"性"与"味"，这里的"性"包含热性、寒性、凉性、温性，"味"包括酸味、甘味、苦味。因此，想要使水果的功效最大化，我们需要先了解水果的"性"和"味"。

## 水果的性

**热性水果：** 指的是热量密度高和糖分高的水果。如大枣、山楂、樱桃、石榴、青果、榴莲、木瓜等。

**寒性水果：** 指的是热量密度低，富含纤维，但脂肪、糖分很少的水果，具有清热降火的功效。如椰子、桑葚、苹果、香瓜、番茄、芒果、香蕉、甜瓜、柚子、柿子等。

**凉性水果：** 指的是性凉的水果，具有解燥热的功效。如枇杷、西瓜、梨、火龙果、草莓、荸荠等。

**温性水果：** 指的是性温的水果，具有驱寒补虚、消除寒证的功效。如龙眼、桃子、荔枝、金橘、水蜜桃、李子等。

此外，介于寒热之间的则为平性水果。平性水果具有开胃健

理论篇　水果是最好的美容师

脾和补虚的功效。如橄榄、葡萄、柠檬、菠萝等。

## 水果的味

水果的味即"酸、甘、苦"三种滋味。这三种滋味与人体器官有所对应，且具有各自的功效。因此，在食用水果时要注意水果的味。

酸味：酸味水果具有收敛止汗、开胃生津、助消化的功效，其对应器官为肝，适量食用可补肝，过多食用则会损伤筋骨，常见水果有柠檬、橙子、梅子等。

甘味：甘味水果具有滋养、补虚、止痛、调和性味、缓解痉挛、补养身体之功效，其对应器官为脾，适量食用可补脾，过多食用则会发胖，常见水果有龙眼、荔枝、香蕉等。

苦味：苦味水果具有清热、降火、解毒、除烦的功效，其对应器官为心，适量食用可补心，食用过多会导致消化不良等症状，特别是胃病患者需要注意，常见水果有柚子等。

# 看体质挑水果

　　水果虽好，但是如果不根据各人的身体状况来选择，则会吃出问题。中医认为，水果有"四性五味"，人体体质也有性质之分。根据中医理论，人体体质分为9种，若跟水果"四性"相对应，则分为4种，即寒性体质、热性体质、虚性体质、实性体质。

## 寒性体质

　　寒性体质是身体内部阴气过剩，阴阳失调导致的。此种体质的人有手足冰冷，脸色比一般人苍白，容易出汗，大便稀，小便清白，口淡无味等症状；喜欢喝热饮，很少口渴，即便是炎炎夏日，进入冷气房也常感觉不适，需要通过喝杯热茶或加件外套才会感觉舒服。这种类型体质的人在选择水果时，应当选择热量高、糖分高的温热性水果。因为寒性体质的人基础代谢率低，体内产生的热量少，而温热性水果具有温中、补虚、助阳、驱寒的作用。如果寒性体质的人食用寒凉性水果，则会造成寒证更严重，如四

理论篇　水果是最好的美容师

肢的冰冷感增加，促使末梢血液循环不良等。

## 热性体质

热性体质的人，一般产热能量比较高，身体常有热感，脸色红赤，容易口渴舌燥等；比较喜欢喝冷饮，小便色黄赤而量少，进入冷气房就倍感舒适。这种类型体质的人在选择水果时，不应选择温热性水果，而应选择寒凉性水果，才能维持身体能量之平衡。

## 虚性体质与实性体质

"体质虚"是由生命活动力衰退所造成，人的精神比较萎靡。这种类型体质的人应当选择补充生命活动力的水果。而"体质实"的人则容易出现发热、腹胀、烦躁、呼吸气粗、便秘等症状。这种类型体质的人应当选择寒凉性水果。

我国中医强调阴阳调和，因此，体质温热的人要多吃寒凉性水果，而体质寒凉的人则应多吃温热性水果。不过，食用水果不是多多益善，要适量。任何水果吃多了，都会产生问题。

比如，我们常说的"每日一苹果，医生远离我"，但吃多了会伤脾胃。又如龙眼吃多了会上火，荔枝吃多了则会弱化消化功能，影响食欲，甚至出现恶心、呕吐、冒冷汗等现象。

此外，选择水果时，在注意体质问题的同时，也要兼顾所处地域的问题。比如，广州地处南方，夏天暑热难当，不管是何种体质的人都会产生头痛、身热、口渴、心烦等症状，这个时候，不是一味地选择温热性的水果，也应选择吃些寒凉性的水果。

# 轻松掌握水果美容的方法

水果美容既是历史悠久的美容术，又是当今最受欢迎的美容术之一。它是一种以吸取天然植物之精华为皮肤自然吸收的美容术。

水果含有大量的营养成分，如维生素、微量元素等，不但给人以美食的享受，而且具有很好的润肤养颜等功效。

水果美容的神奇之处在于它含有丰富的维生素、矿物质、纤维素、不饱和脂肪酸等营养物质。人一旦缺乏维生素，便会影响面容。比如，人体缺乏维生素A，往往会出现皮肤组织干燥等现象。而矿物质是人体血液的净化剂。纤维素是美容的关键因素，它是人体的第七营养素，而水果中含有的纤维素比较高。不饱和脂肪酸则是毛发、肌肤的理想美容剂。

理论篇 水果是最好的美容师

如果人体拥有充足的不饱和脂肪酸，皮肤就会润泽光滑、富有弹性，头发就会乌黑亮丽、清爽柔顺。

那么，如何用水果来做美容呢？虽然方法很多，但归结起来，其实就两种：一种是将水果果汁物质，如鲜芒果中的芒果甙遇阳光时会发生反应，从而造成皮肤过敏，甚至引起局部红肿等症状。而肤质敏感的人或者患有哮喘等症状的人，最好不要使用芒果、桃子等汁液直接涂抹皮肤。

涂抹于面部或用于面部清洁，另一种是直接用水果敷面做水果面膜。

虽然水果美容方法简单、便捷、有效，但是并非所有人都适合水果美容。水果美容还要考虑个人的身体状况及水果的属性问题。有些水果果汁中含有光敏性为了安全起见，在用水果美容前，最好先做一下测试，比如在耳后做测试。方法为：先清洗耳后肌肤，然后在其上涂抹部分果汁液，几分钟后，如果没有反应，则可以进行水果美容；如果感觉不适，则应停止水果美容，严重者要迅速去医院看医生。

# 看水果颜色懂水果功效

五彩缤纷的水果常常惹人爱，但并非适合所有人食用。此外，真正的水果达人往往可以通过水果的颜色来判断水果的功效。一般而言，不同颜色的水果因富含的营养成分不同而具有不同的营养功效。

一般而言，红色水果往往含有大量的类胡萝卜素，具有抗氧化作用，能清除自由基，抑制癌细胞形成，提高人体免疫力。此外，红色水果所含的热量大都较低。

常见的红色水果有石榴、西瓜、樱桃、草莓等。

紫黑色水果富含原花青素，不但有消除眼睛疲劳的功效，还有增强血管弹性和防止胆固醇囤积的作用。跟浅色水果相比，紫黑色水果含有更丰富的维生素C。此外，紫黑色水果中钾、镁、钙等营养成分的含量也比其他水果高。常见的紫黑色水果有葡萄、黑莓、蓝莓和李子等。

绿色水果富含叶黄素，具有

保护视力、强健骨骼与牙齿的功效。此外，这类水果所含热量较低，适合大量进食，同时也具有超强的减肥功效。常见的绿色水果有青苹果等。

橘黄色水果富含天然抗氧化剂 β－胡萝卜素，能够提高机体的免疫力，具有抗癌的功效。常见的橘黄色水果有柠檬、芒果、橙子、木瓜、柿子、菠萝、橘子等。

白色水果含有硫化物，具有降低胆固醇之功效。常见的白色水果有梨等。

值得注意的是，同一种水果的颜色也不尽相同，其功效也不同。如葡萄有 4 种以上的颜色，它们因颜色不同而具有不同的功效。

白绿色葡萄具有滋养肺气的功效，它又叫无色葡萄，未熟透时偏青绿色，成熟后颜色发白。中医常说"白入肺"，即白葡萄可补肺气，有润肺功效，尤其适合患呼吸系统疾病及肤色不佳的人食用。

紫色葡萄具有预防衰老的作用。它富含花青素和类黄酮，具有强力抗氧化、对抗和清除体内自由基的作用。经常食用紫色葡萄，不但可以延缓皮肤皱纹产生，还可以缓解老年人的视力退化。

黑色葡萄具有缓解疲劳的功效。它所含钾、镁、钙等营养成分的含量是所有葡萄中最高的。更为重要的是，这些营养成分大多以有机酸盐形式存在，对维持人体的离子平衡起着重要的作用，适合神经衰弱、疲劳过度的人食用。

红色葡萄具有软化血管的作用。红色葡萄富含的逆转酶能够软化血管、活血化瘀，防止血栓形成。研究表明，这种酶可以通过减缓动脉壁上胆固醇的堆积而保护心脏，因此对预防心血管病和中风很有益处。因此，患有心血管病的人可以多吃些红色葡萄。

# 吃水果必须避开误区

事实上，人们吃水果也存在一些误区，如果不加以注意并避开，那么吃水果不仅不能物尽其用，还有可能起反作用。这里主要介绍6种吃水果的误区。

## ✕ 多吃没坏处

俗话说，物极必反。吃水果也一样，虽然水果营养丰富，但不能过度食用，否则会危害身体。因为大部分水果含有的膳食纤维量较高，吃多会造成胃痛、腹胀等不适。每天食用量控制在 200 克左右为宜。

## ✕ 水果能代替蔬菜

尽管水果与蔬菜的营养成分很相似，但是水果无法代替蔬菜。水果和蔬菜虽然都含有维生素 C 和矿物质，但含量上还是有差别的。除了含维生素 C 较多的山楂、柑橘等之外，一般水果所含的维生素和矿物质都比不上蔬菜，特别是绿叶蔬菜。所以，水果和蔬菜各有独特的功用，不能彼此代替。

## ✕ 水果维生素含量最高

水果含有的维生素种类很多，但其实并非最高。比如水果不含脂溶性维生素，且多数水果的维生素C含量有限。

## ✕ 多吃水果可以减肥

虽然有些水果能量低，但是多数水果能量并不低，而且大多数水果具有甜味，含糖量一般都在 8% 以上，远比同等质量的米饭高。因此，多吃水果未必能减肥。

## ✕ 削果皮可以去除农药残留

现在，被农药污染过的水果越来越多。有人认为，只要去掉果皮就可以安全食用。事实上，很多农药是直接施在植物根部的，甚至打入树皮内，可见，通过削皮是无法解决农药残留问题的。加之，水果最为营养、美味的部位恰好在表皮附近。正确去除农药残留的方法是：反复清洗水果，或者在淘米水里浸泡一会儿，这样可以去除水果表皮残留的农药。

## ✕ 高档进口水果更有营养

目前，社会上存在着这样的一种现象，认为只要是"洋水果"，营养价值就很高。事实上，这是错误的认识。因为进口水果在运输途中，其营养物质已经开始降解，新鲜度并不理想。而且，考虑到长途运输，许多水果商经常在水果未成熟前就采摘，且使用一些药剂进行保鲜处理，进而影响了水果的品质。

理论篇　水果是最好的美容师

# 吃水果要选最佳时间

水果是女性养生的必备品，它不但提供多种营养物质补养身体，而且又能美容养颜。但是，吃水果也要挑时间，否则不能达到最佳效果。你知道吃水果的最佳时间吗？

有人说，想吃就吃；有人说，早上水果是"金"，中午水果是"银"，晚上水果是"铜"。其实，这些说法都是错误的。因为，水果含有大量的有机酸和单宁类物质，甚至有些水果还含有活性很强的蛋白酶类。如果吃的时间不对，很可能对胃产生伤害。比如香蕉富含镁，空腹吃太多会造成血液中镁和钙比例失调，进而危害心血管健康。

正确的做法是先了解水果的属性，进而确定最佳食用时间。下面简要介绍一下一天之中不同时间应该吃什么样的水果。

## 早上最好吃苹果、梨、葡萄

早上吃水果，能够帮助消化吸收，有利于通便，且水果的酸甜滋味，可以让人神清气爽。而人体的胃肠经过一晚上的休息后尚未恢复过来，因此适合酸性不太强、涩味不太浓的水果，比如苹果、梨、葡萄等。

西柚早餐后吃可提神。西柚富含果胶，能够降低低密度脂蛋白的含量。由于其含酸类物质量较多，最好在早饭后吃，可以迅速使大脑清醒。

## 餐前不吃圣女果、橘子、山楂

饭前不宜吃的水果有圣女果、橘子、山楂等。

圣女果含有可溶性收敛剂，空腹吃会跟胃酸结合而使胃内压力升高，从而引起腹部胀痛。橘子含有有机酸，空腹吃容易发生胃胀。山楂味酸，空腹吃会胃痛。

## 餐前可吃红枣、桃子等

餐前吃水果，可补充维生素。两餐之间吃水果，有助于及时补充大脑和身体所需的能量，因为水果中的果糖和葡萄糖可以在短时间内被人体快速吸收。

红枣素有"天然维生素C丸"之美誉，空腹时摄入维生素C，吸收效果最好。但是，需要注意的是，不能过多地食用红枣，否则会产生不良效果，导致胃酸过多和腹胀，而消化不良者最好不要食用。

桃子也可餐前吃。熟透的桃子性温和，热量较低。饭前吃，有利于营养吸收，不会刺激肠胃。但桃子含膳食纤维多，饱腹感强，每次别吃太多。

## 饭后吃菠萝、西瓜等最好

菠萝中含有的菠萝蛋白酶有助于消化蛋白质，补充人体内消化酶的不足，增强消化功能。木瓜所含的木瓜酵素可帮助人体分解肉类蛋白质。猕猴桃、橘子、山楂等富含大量有机酸，可增加消化酶的活性，促进脂肪分解，帮助消化，适合饭后食用。

西瓜也适合在饭后吃，最好午餐后两小时再吃。因为西瓜富含水分，如果饭后就吃，容易稀释胃的消化液，不利于消化。

## 夜宵安神吃桂圆

夜宵吃水果既不利于消化，又因为水果含糖过多，容易造成热量过剩，导致肥胖。如果睡前吃富含纤维的水果容易造成胃肠充盈，影响睡眠。所以，夜宵最好吃桂圆，它可安神助眠。

## 吃应季水果才美容

　　随着科技的发展，现在反季水果很多，人们在每个季节都可以吃到不同季节的水果。但是，这并非多多益善，正确的吃法应该是根据不同季节和不同病症加以选择，尽量多吃当季水果，少吃反季水果。下面简单介绍四季吃水果的方法。

## 春天

春天气候变化大，且是病菌的活跃期，最好吃能"排毒"的水果。比如樱桃、菠萝、柑橘、柠檬、苹果、香蕉等。樱桃的铁含量为水果之冠，有利于补中益气、调中养颜、健脾开胃；菠萝具有促进消化、缓解便秘之功效；柑橘具有理气润肺、化湿祛痰、解毒止咳、醒酒止痢的功效；柠檬有"女性水果"之美称，能祛痰，舒缓喉痛，降血压和胆固醇，改善心血管；苹果具有补脾气、养胃阴、生津解渴、润肺悦心的作用；香蕉则能通便、促消化。

## 夏天

夏天水果品种繁多，令人眼花缭乱。但是，由于水果营养价值不同，在选择的时候要有针对性。适合夏天吃的水果有桃子、杏、西瓜、木瓜、草莓、葡萄等。桃子含有大量维生素、矿物质果酸，能补充身体之所需；杏含有柠檬酸、苹果酸、β－胡萝卜素，有助于止咳平喘、润肠通便；西瓜则清热、解暑、利尿；木瓜含有消化酶，能治疗蛋白质消化障碍；草莓富含维生素C、维生素B、钙、磷和钾，能治疗腹泻、发烧、口腔溃疡及牙龈疾病；葡萄具有抗氧化的功效。

理论篇　水果是最好的美容师

## 秋天

秋天要讲求滋补，可以选择梨、苹果、柿子、石榴、板栗、猕猴桃、橄榄、柚子、山楂、大枣等。俗话说："七月核桃八月梨。"秋天要多吃梨，它具有清热解毒、生津润燥、清心降火之功效；苹果具有补脾气、养胃阴、生津解渴、润肺悦心的功效；柿子能养肺护胃、清除燥火，能够补虚、止咳、利肠；石榴能抗氧化，减少体内沉积的氧化胆固醇，延缓衰老；板栗能养胃、健脾、补肾、壮腰、强筋、活血、止血、消肿等；猕猴桃能稳定情绪、镇静安神；橄榄能清热解毒、消积化痰、滋润肺喉；柚子能降低胆固醇，有助钙、铁的吸收，而且能够和胃化滞、生津解渴；山楂能阻止自由基生成，增强免疫力；大枣能补中益气。

## 冬天

俗话说："三九补一冬，来年无病痛。"冬天最好吃梨、甘蔗、西柚、香蕉等水果。梨含有苹果酸、柠檬酸、葡萄糖、果糖、钙、磷、铁以及多种维生素，具有润喉生津、润肺止咳、滋养肠胃等功效；甘蔗具有滋补清热的功效；西柚有维护血管的功能，预防心脏病的功效；香蕉则有助于预防心血管疾病。此外，冬天还可以多吃苹果、橘子、山楂等。

## 橘子 止咳美容又养颜

　　橘子，别名柑橘、红橘、黄橘。它起源很早，中华大地是橘树主要发源地之一。我国古人很早就将野生橘树进行人工栽培，历史悠久。它有数个品种，常见的有无核蜜橘、芦柑、红橘等。其果实呈圆形，橘子皮多为橙黄色，闻起来有一股淡淡的清香。橘子皮晒干后可入药，称为陈皮。剥开橘子外皮，只见一瓣瓣月牙般的橘子瓣紧紧依偎在一起。雪白色的橘络缠绕在橘子瓣上。取一瓣放入口中咀嚼，酸甜的果汁充盈口中，清爽无比。有的橘子瓣中有橘子核。

## 营养分析

橘子所含营养丰富，一个橘子几乎就能满足人体一天中所需的维生素 C 含量。它含有 170 余种植物化合物和 60 余种黄酮类化合物，其中大多数物质均是天然抗氧化剂。

橘子所富含的蛋白质是梨的 9 倍，钙的含量是梨的 5 倍，磷的含量是梨的 5.5 倍，维生素 $B_1$ 的含量是梨的 8 倍，维生素 $B_2$ 的含量是梨的 3 倍，烟酸的含量是梨的 1.5 倍，维生素 C 的含量是梨的 10 倍。

## 美容原理

橘子富含果酸、维生素 A、维生素 B、维生素 C，能够增强皮肤抵抗力，避免皮肤干燥，从而达到健肤美容的功效。其富含的果酸、维生素和微量元素硒可以保持肌肤湿润，抗氧化，促进胶原形成，增强肌肤弹性，还能祛斑并抑制色素生成。其富含的维生素 P 和维生素 C 则可保持毛细血管的健康，能有效改善红肿皮肤，起到美肤的效果。

橘子含有一种抗癌活性很强的物质，能使致癌化学物质分解，抑制和阻断癌细胞的生长，提高人体内酶的活性，从而阻止致癌物对细胞核的损伤，保护基因的完好。

橘子皮也具有很高的药物价值和美容价值。它是一味理气、除燥、利湿、化痰、止咳、健脾和胃的要药。刮去白色内层的橘皮表皮称为橘红，具有理肺气、祛痰、止咳的作用。

## 食用宜忌

橘子富含的多种有机酸和维生素对调节人体新陈代谢等生理

功能大有益处，适合一般人群食用，尤其是老年心血管病患者。但是，并非所有人群都适合食用橘子。如儿童不要多吃橘子。橘子吃多了，容易导致上火，引起口腔炎症，还对牙齿有危害。结石病患者、口腔经常发炎者和患牙病的人、肠胃不好的人、肺病和胃肠疾病的老年人尽量少吃橘子，否则会出现不良反应。

此外，还应注意橘子不能与一些食物一起吃。比如吃过萝卜的人不应再吃橘子，否则会造成甲状腺肿大；吃过柠檬的人不适合吃橘子，否则会对消化道造成严重伤害；服用药物后，不要马上吃橘子。

## 精挑细选

一看橘子的大小。一般而言，个头中等的橘子是最好的，而太大的橘子则皮厚、甜度差，小的生长得不够好，口感差。

二看橘子的颜色。橘子的外皮颜色是从绿色慢慢地变成黄色，最后呈橙黄或橙红色。根据这个规律可以判断，橘子颜色越红，说明越成熟，味道也比较甜。

三看橘子的叶子。橘子蒂上的叶子越新鲜，橘子就越新鲜。

四看橘子的底部。如果橘子的底部有灰色的小圆圈，而长柄的那一端又是凹进去的，这样的橘子较为新鲜，可以购买。

五捏橘子。如果橘子底部捏起来比较软，大多数情况是甜橘子；而如果捏起来比较硬，则皮一般较厚，味道比较酸。

六看橘子表皮。好的橘子一般表皮光滑，且上面的斑点比较细密。

实践篇 藏在水果里的美容方

# 美容妙用

## 内食方 >>

### 1. 陈皮粥

【组成】粳米 100 克，陈皮 30 克，白砂糖 5 克。

【做法】第一步：将陈皮研成细末。
第二步：将粳米淘洗干净，用冷水浸泡半小时，捞出，沥干水分。
第三步：取锅，倒入冷水、粳米，先用旺火煮沸，后改用小火熬煮，等粥将成时，再加入陈皮末和白砂糖，略煮片刻，即可盛起食用。

【用法】食用。

【功效】具有治疗便秘、美容养颜的功效。

### 2. 糖橘饼

【组成】橘子 500 克，白糖 250 克。

【做法】将橘子去皮及核，加白糖腌渍 1 日，再以小火煨熬至无汁液流出，把每瓣橘肉压成饼，再拌白糖风干数日后即可。

【用法】佐餐。

陈皮

【功效】不仅具有治食后腹胀、咳嗽痰多的功效，还有美容养颜的功效。

### 3.橘子茶

【组成】橘子1个，绿茶3克。

【做法】将橘子挖个小洞，塞入绿茶，晒干备用。

【用法】煎水代茶饮，连饮数日。

【功效】治疗饮食积滞、消化不良、腹胀腹痛，以及暑热烦渴、小便短少等症状，还有美容养颜的功效。

### 4.五香橘皮

【组成】橘子皮若干，食盐20克，甘草粉15克。

【做法】第一步：将橘子皮浸泡在清水中，一天后取出，挤干水分，置于锅中煮，水沸后30分钟 取出沥干。第二步：将橘子皮切成1厘米见方的块，按500克湿橘皮加20克食盐的比例，放到锅中煮沸半个小时，捞出后，趁湿撒上一层甘草粉，每500克用甘草粉15克左右，晒干后就做成五香陈皮了，甜、香、酸、咸并略带苦味。

【用法】适量食用。

【功效】具有治疗消化不良、食欲不振等功效，还有美容养颜之功效。

### 5.西米橘子粥

【组成】橘子3个，西米（从西谷椰子树的木髓部提取的淀粉，经加工制成）150克，白糖200克，山楂糕少许，清水适量。

【做法】第一步：先将橘子外皮剥掉，撕去筋络，逐瓣分开，用竹签捅出橘核，切成小块；山楂糕切成细丁。第二步：取锅，放入清水烧开，加入西米煮沸，再加入白糖、橘子块，待煮沸后装入碗内，撒上山楂糕丁即可。

【用法】适量食用。

【功效】具有开胃健脾、生津止渴、滋养强壮之功效，是夏季应时甜粥。

**外用方 >>**

### 1. 橘子汁

【组成】橘子若干。

【做法】将橘子汁液挤出。

【用法】第一步：用温水清洗脸部。第二步：将橘子汁涂在脸上，15分钟后，用温水洗净。

【功效】常用橘子汁擦脸，可达到皮肤光鲜滑嫩的效果。

### 2. 橘子补水面膜

【组成】橘子1个，海藻粉适量。

【做法】将橘子去皮后取适量果汁儿，然后加入海藻粉搅拌即可。

【用法】先用温水洗净面部，再将面膜均匀涂抹面部，15分钟后，用水洗净面部即可。

【功效】橘子补水面膜适合干燥、角质较多的皮肤，能够令皮肤的血管壁变得更加富有弹性。同时，橘子能够有效解决面部过度红润的问题。

### 3. 橘子皮酸奶面膜

【组成】橘子皮1个，酸奶适量。

【做法】取适量干燥的橘子皮，研磨成粉末，然后倒入酸奶中，充分搅拌。

【用法】先用温水洗净面部，再取适量涂抹于脸上并轻轻揉搓，然后用清水洗净即可。

【功效】橘子皮中含有天然橘子精油，有很好地去油和净化的功效。酸奶中含有丰富的乳酸，是一种温和的天然果酸，能促进肌肤的新陈代谢，使肌肤细嫩光滑。

# 火龙果 无价的美容佳品

火龙果，属热带水果，其果实外表的肉质鳞片似蛟龙外鳞而得名。由于火龙果光洁而巨大的花朵绽放时，香飘四溢，盆栽观赏使人有吉祥之感，所以又称"吉祥果"。

## 营养分析

火龙果果肉雪白或血红，甜而不腻，清淡中含有芬芳，胜似哈密瓜，有"无价之宝"之美誉。其营养丰富，富含大量的维生素、胡萝卜素、果糖、葡萄糖、水溶性膳食纤维等。

## 美容原理

火龙果富含多种营养素，具有以下几个美容功效。

*清除毒素*：它含有的植物性白蛋白是具有黏性、胶质性的物质，会自动与人体内的重金属离子结合，通过排泄系统排出体外，从而起到解毒的功效。

*抗衰老*：它富含的花青素有

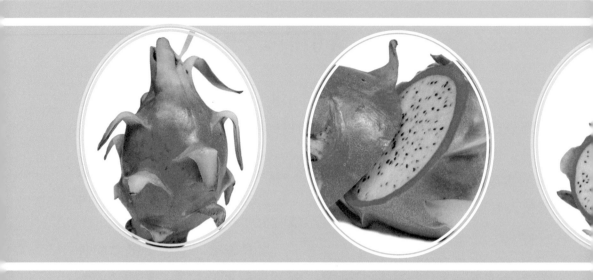

抗氧化、抗自由基、抗衰老的作用，还具有抑制脑细胞变性，从而预防痴呆症的作用。

美白皮肤：它富含的维生素C能够消除氧自由基，具有美白皮肤的作用。

促进消化：火龙果中芝麻状的种子有促进胃肠道消化的功能。

此外，它富含大量的水溶性膳食纤维，具有预防便秘、保健眼睛、增加骨密度、帮助细胞膜形成、预防贫血，以及抗神经炎和口角炎等功效。

## 食用宜忌

火龙果味甘、性平，具有生津止渴、清热凉血、排毒解毒、通便利尿的功效，适合一般人群食用，尤其是老年人常吃火龙果能够预防很多老年疾病。但是，有一些人不适合吃火龙果。比如患有糖尿病的人最好少吃火龙果，火龙果虽然果肉里的葡萄糖不甜，但是糖分含量却很高。此外，有体质虚冷、脸色苍白、四肢乏力、经常腹泻等症状的人不要吃太多的火龙果，可在餐后饮用适量的火龙果汁。

## 精挑细选

火龙果虽好，但是若不会挑选，可能会把坏的火龙果带回家。怎样挑选好的火龙果呢？一般有以下几个方法。

一知火龙果的种类。火龙果一般分为3种：白色火龙果、红

色火龙果、黄色火龙果。其中，白色火龙果为紫红皮白肉，常有细小黑色种子分布其中，这类火龙果质量一般。红色火龙果红皮红肉，味清甜而不腻，鲜食品质相对较好。而黄色火龙果黄皮白肉，鲜食品质最好。

二看火龙果的颜色。一般而言，火龙果的表面越新鲜，说明火龙果熟得越透，同时要注意绿色的部分，如果绿色部分鲜亮，说明火龙果好，而若枯黄了，则说明火龙果不新鲜了。

三掂火龙果的重量。掂重量也是挑选火龙果的一个快捷方法。一般而言，火龙果越重，代表汁多、果肉饱满。因此，购买火龙果，要挑选最重的那一个。

四看火龙果的形状。瘦而长的火龙果水分少，不甜，味道不好，一般不要选，否则吃起来生。要选短一些的、胖乎乎的火龙果，这样的火龙果水分多、味甜。

五看火龙果的成熟度。火龙果既不能太熟也不能太生，否则不好吃。要挑选刚好的，方法为：用手轻轻按一按、捏一捏，如果很软说明火龙果熟透了；如果很硬，按不动，说明火龙果还很生。最好挑选软硬适中的。

此外，还要看火龙果的根部。如果火龙果根部腐烂了，说明火龙果不新鲜，而如果根部完好无损，说明火龙果新鲜好吃。

## 美容妙用

### 内食方 >>

#### 1. 火龙果虾仁

【组成】虾仁 100 克，火龙果 200 克；杨桃、香芹、盐、植物油各适量。

【做法】第一步：火龙果去皮，将肉挖成球状；虾仁用少许盐腌渍片刻；香芹切成小丁在沸水中煮熟。第二步：倒适量植物油于锅中，油五成热时，放入虾仁煸炒，然后放入火龙果、杨桃，翻炒均匀，加盐调味，炒熟后撒上香芹丁即可。

【用法】适量食用，佐餐。

【功效】具有顺气健胃、降低血糖、排毒、减肥、养颜的功效。

#### 2. 火龙果沙拉

【组成】火龙果 180 克，橙汁 50 克，柠檬沙拉酱 25 克。

【做法】第一步：火龙果去皮，肉切成块，盛入容器内。第二步：将橙汁淋在火龙果四周，再淋上柠檬沙拉酱即可。

【用法】适量食用。

【功效】具有降脂通便、排毒养颜的功效，经常食用可有好气色。

#### 3. 三色果沙拉

【组成】火龙果 1 个，草莓 5 个，粟米粒 2 勺，猕猴桃 1/2 个；酸奶、

沙拉酱各适量。

【做法】第一步：火龙果对切，用小勺挖出果肉，然后切成小块；果皮清理干净，当作碗。将草莓放到盐水中浸泡片刻，洗净，去蒂，切块；猕猴桃去皮，切成小块；将粟米粒氽一下，沥干水分。第二步：将酸奶和沙拉酱调好，放入火龙果、粟米粒、草莓和猕猴桃，搅拌均匀，装入火龙果皮里即可。

【用法】适量食用。

【功效】常食有滋养肌肤、水嫩容颜的功效。

## 4. 凉拌山药火龙果

【组成】山药、火龙果各100克，柿子椒2个；蒜瓣4粒，芝麻酱3大匙，糖1大匙，盐1小匙。

【做法】第一步：山药削皮，放入淡醋液中搓洗去黏液，然后切丝，放到沸水中氽一下，捞出沥水；火龙果去皮，用淡盐水洗净，切成小块备用；蒜头洗净，用压泥器压成泥；柿子椒洗净，切丝备用。第二步：将芝麻酱、糖和半小匙盐搅拌均匀，放入山药丝、火龙果块、柿子椒丝和蒜泥，拌匀后置于冰箱中，静置10分钟即可。

【用法】适量食用。

【功效】这道菜富含维生素，经常食用对肌肤具有美白的功效。

## 5. 脆炸火龙果

【组成】火龙果1个，面粉50克，淀粉80克，泡打粉3克，食用油50克，精盐2小匙，甜橘油适量。

【做法】第一步：先将火龙果去皮取肉，切厚片；用清水将面粉、淀粉、精盐、泡打粉调匀成浆，把火龙果放入挂糊。第二步：锅内倒入油，烧热，放入火龙果片，炸至表皮变脆时捞起，摆入盘内，浇上甜橘油即可。

【用法】适量食用。

【功效】具有抗氧化、抗自由基、延缓衰老的功效。

## 外用方 >>

## 1. 火龙果除皱面膜

【组成】火龙果50克，麦片10克，珍珠粉10克，纯净水适量。

【做法】火龙果去皮后切块，放入面膜碗中，用面膜勺压成泥，再加入麦片、珍珠粉、纯净水，搅拌后成稀薄适中的糊状。

【用法】用温水洗净脸部肌肤，再用热毛巾敷脸片刻，紧接着将面膜均匀地涂抹于脸部与颈部，15分钟后，用温水洗净即可。

【功效】火龙果面膜具有促进血液循环之功效，可以有效防止肌肤老化，并且有助于去除皱纹。

## 2. 火龙果酸奶汁

【组成】火龙果1个，冰激凌2勺，酸奶100克。

【做法】第一步：将火龙果去皮，切成小块，倒入榨汁机中，再放入酸奶，榨30秒。第二步：将冰激凌倒入榨好的火龙果酸奶中搅拌均匀，至没有泡沫即可。

【用法】用温水洗净脸部肌肤，再用热毛巾敷脸片刻，紧接着将面膜均匀地涂抹于脸部与颈部，15分钟后，用温水洗净即可。

【功效】内服外敷皆可，具有美白容颜之功效。

## 3. 火龙果蜂蜜膏

【组成】火龙果1个，蜂蜜、牛奶各适量。

【做法】将火龙果去皮，果肉切块，压制成泥，加入适量的蜂蜜和牛奶，搅拌均匀即可。

【用法】用温水洗净脸部肌肤，再将面膜均匀地涂抹于面部，15分钟后，用温水洗净即可。

【功效】此面膜具有清洁肌肤、滋养容颜之功效，经常使用能让面部肌肤光滑红润。

## 樱桃 生命之果

樱桃，别名樱珠、玛瑙等，果实可以作为水果食用，其外观色泽艳丽、娇艳欲滴；吃在嘴里则清香可口、甜美细嫩，是一种惹人爱的水果。由于樱桃上市较早，因此有"百果第一枝"之美誉。

的美称。它富含蛋白质、铁、胡萝卜素、糖、维生素 $B_1$、维生素 $B_2$、维生素 C 等营养成分。其中，铁的含量居水果之首，其含铁量是草莓的 8 倍，枣的 10 倍，山楂的 12 倍，苹果的 20 倍。

### 营养分析

樱桃营养丰富，甘美多汁，酸甜可口，自古有"果中钻石"

### 美容原理

樱桃以富含维生素 C 而驰名中外，被誉为"生命之果"。它

既有较高的营养价值，又有实用的药用价值，其所含的天然抗氧化剂具有明显的抗衰老作用。中医认为，樱桃味甘酸，性温，有祛风透疹、调中益气的作用，还具有润肌肤、悦颜色的功效，也是风湿性腰腿痛者的食疗佳品。

## 食用宜忌

一般而言，一般人群均可食用，尤其是消化不良、瘫痪、风湿腰腿痛、体质虚弱的人食用有助于疗养身体。但是，樱桃虽然味美，但并非多多益善。吃多了会引起上火、流鼻血、损肺，还可导致胃痛、泛酸，甚至腹痛、腹泻等病症。正常情况下，每天吃樱桃的数量应控制在12颗左右。

樱桃属火性，大热，因此，患有热性病及喘嗽者不要食用，尤其是小儿，樱桃进食太多容易诱发热性病、肺结核、慢性支气管炎与支气管扩张等疾病。另外，出现阴虚咳嗽的症状如干咳少痰，或痰多色黄而稠，午后潮热、颧红、盗汗、舌质红、脉细弱等情况时，

也不要吃樱桃。

　　患有溃疡、上火、肾功能不全、少尿的人尽量少吃樱桃，而患有便秘的人不要吃樱桃。此外，樱桃除含铁外，还含有一定量的氰甙，如果食用过多会引起铁中毒或氰化物中毒。因此，樱桃不能多吃。如果出现中毒症状，可以用甘蔗汁清热解毒，必要时及时就医。

## 精挑细选

　　一看樱桃颜色。深红或者偏暗红色的一般较甜,暗红色的最甜。

　　二看樱桃表皮。以外表皮微硬为好。

　　三看樱桃形状。个头大的，整个樱桃呈"D"字扁圆形状为好，果梗位置蒂的部位凹得越深越甜。

　　四看樱桃果实的光泽度。外表发亮的最好。

　　五看樱桃底部果梗。绿颜色的为新鲜的。

　　六看樱桃有无褶皱。樱桃果皮表面无褶皱为最好。

实践篇　藏在水果里的美容方

# 美容妙用

**内食方 >>**

## 1. 樱桃银耳羹

【组成】樱桃 30 克，冰糖适量，银耳 50 克，桂花适量。

【做法】先将冰糖溶化，加入银耳，入锅煮 10 分钟左右，再加入樱桃和桂花煮沸后即可。

【用法】佐餐。

【功效】具有补气、养血、嫩白肌肤之功效。

## 2. 樱桃甜汤

【组成】鲜樱桃 2 000 克，白糖 1 000 克。

【做法】樱桃洗净，加水煎煮 20 分钟后，加白糖继续熬，熬沸后停火。

【用法】每日服 30 ~ 40 克。

【功效】具有促进血液再生、美容养颜的功效，可用于辅助治疗缺铁性贫血。

## 3. 樱桃龙眼羹

【组成】鲜樱桃 30 克，龙眼肉 10 克，白糖适量。

【做法】龙眼肉洗净，入锅，加入适量水，煮至龙眼肉充分膨胀后，放入鲜樱桃，煮沸后加白糖调味即可。

【用法】取适量服用。

【功效】适用于缺铁性贫血，具有美容养颜之功效。

## 4. 樱桃酱

【组成】樱桃 1 000 克（选用个大、味酸甜的樱桃），白砂糖、柠檬汁各适量。

【做法】樱桃洗净，将每个樱桃切一小口，去皮、去籽后，将果肉和白砂糖一起放入锅内，上旺火将其煮沸后转中火煮，撇去浮沫涩汁，再煮；煮至黏稠时，加入柠檬汁，略煮一下，离火，晾凉即可。

【用法】取适量食用。

【功效】具有调中益气、生津止渴、护肤养颜的功效，适用于风湿腰膝疼痛、四肢麻木、消渴烦热等病症。

## 5. 冬菇樱桃

【组成】水发冬菇 80 克，鲜樱桃

50 枚, 豌豆苗 50 克, 植物油、白糖、姜汁、料酒、酱油、精盐、淀粉、味精、鲜汤、麻油各适量。

【做法】水发冬菇、鲜樱桃洗净; 豌豆苗去杂质和老茎, 洗净切段。炒锅烧热, 倒入植物油烧至五成热时, 放入冬菇煸炒, 加入姜汁、料酒拌匀, 再加酱油、白糖、精盐、鲜汤, 烧沸后, 改用小火煨片刻, 再将豌豆苗、味精放入锅中, 入味后用湿淀粉勾芡, 然后放入樱桃, 浇上麻油, 出锅装盘(菇面向上)即可。

【用法】适量食用。

【功效】具有补中益气、防癌抗癌、降压降脂、瘦身美容的功效, 尤其适用于高血压、高脂血症、冠心病等患者食用。

## 外用方 >>

### 1. 樱桃叶汤

【组成】樱桃叶 500 克, 水适量。

【做法】取樱桃叶 500 克放入锅中, 加水煎汤。

【用法】每日一次坐浴。

【功效】具有治阴道滴虫的功效, 也具有美容养颜之功效。

### 2. 樱桃祛斑润色面膜

【组成】樱桃数枚, 酸奶、面粉各适量, 鸡蛋 1 个。

【做法】将樱桃去核榨汁, 加入少量酸奶搅拌, 然后混入少量面粉, 搅拌成糊状即可。

【用法】将糊状液中加入蛋清以增加其黏稠感, 搅拌均匀, 然后直接敷在面部 15 分钟即可。

【功效】具有滋润肌肤、去皱除斑之功效。

# 草莓 美容的水果皇后

草莓，别名红莓、洋莓、地莓等，有2000多个品种，是一种红色的水果。其果实鲜红美艳，柔软多汁，甘酸宜人，含有浓郁的水果芳香，有"水果皇后"的美誉。

素C以及钙、磷、铁、钾、锌、铬等，具有重要的药用价值和食疗价值。

简单地讲，草莓具有促进消化、巩固齿龈、清新口气、润泽喉部、增白和滋润保湿等功效。

## 营养分析

草莓营养丰富，所含维生素C的量比苹果、葡萄都高。其果肉中不仅含有大量的人体所需的糖类、蛋白质、有机酸、果胶等营养物质，还含有人体必需的矿物质和部分微量元素，如胡萝卜素、维生素$B_1$、维生素$B_2$、维生

## 美容原理

草莓的美容效果不错，因为在所有的水果当中，草莓含有的肌肤营养素最为全面和丰富。它含有的果酸、维生素、矿物质等肌肤营养素，不但可以增强皮肤弹性，而且有美白皮肤、滋润皮肤和保湿的功效。

草莓富含的维生素 C 具有松弛神经的功效，睡前吃草莓可以治疗失眠，进而起到间接美容的作用。此外，其富含的天冬氨酸还能清除体内毒素，富含的维生素 A 和钾，具有美发的作用。

草莓适用于油性皮肤，具有去油、洁肤的作用，将草莓汁进行敷面，效果极好。

此外，草莓还具有保持身材、祛除疤痕等功效。

## 食用宜忌

草莓性凉，味酸甘，归肺、脾经，适合一般人群食用，尤其适合有风热咳嗽、咽喉肿痛、声音嘶哑、夏季烦热口干等症状的人，以及鼻咽癌、肺癌、扁桃体癌、喉癌等患者食用。

草莓虽然是很好的提神、开胃果，但是其性凉，因此，一次不要吃太多，否则会产生负面效果。患有脾胃虚寒、腹泻、胃酸过多的人要控制好量，而患有肺寒咳嗽（咳白痰）、尿道结石的病人也不要多吃。

## 精挑细选

如今，我们会发现草莓个头越来越大，颜色越来越艳丽，品尝起来却没有原来的草莓味道鲜美。下面介绍几种挑选草莓的方法。

一看外形：激素种植出来的草莓体积比较大，而且形状比较奇特。而普通草莓，个头比较小，呈比较规则的圆锥形。

二看颜色：激素种植出来的草莓颜色不均匀、光泽度较差，其头部即草莓叶蒂部分的颜色青红分明。而普通草莓，颜色均匀，色泽红亮。

三看草莓表面：好的草莓，表面的"芝麻"粒应呈金黄色，若颜色过红则要谨慎购买。

四看草莓内部：顺着草莓蒂方向观察，如果草莓内出现空腔或者有洞，有可能是激素草莓或是有虫卵存活过的草莓，不要购买。

五闻气味：激素草莓的味道较怪异，甚至怪味特别重。而好的草莓则有草莓特有的清香味。

六尝味道：激素草莓吃起来寡然无味，好的草莓甜度高且甜味分布均匀。

# 美容妙用

**内食方 >>**

### 1. 草莓果汁

【组成】草莓 100 克，优酪乳 1/2 杯；柠檬 1/3 个，冰片 1~2 片，方糖 1 小茶匙。

【做法】草莓去蒂、柠檬去皮，放入榨汁机中榨汁，并与优酪乳混匀，再倒入杯中，放入冰片与糖即可。

【用法】适量口服。

【功效】草莓是维生素 C 含量最高的水果，对面疱、粉刺具有很好的疗效。脸上或身上的痘痘"猖獗"时，可经常饮用此果汁。

### 2. 草莓蜜糖汁

【组成】草莓 50 克，蜜糖和凉白开水 100 毫升。

【做法】将草莓放入搅拌机中，然后加入蜜糖和凉白开水进行搅拌。

【用法】每天 5 杯，早、中、晚餐前各一杯，下午和睡觉前各一杯。

【功效】草莓中富含的果胶有利于脂肪代谢，有助于减肥，而其本身所含的能量低、水分多，长期饮用可起到保持身材的效果。

### 3. 草莓酸奶

【组成】新鲜草莓 15~20 个，原味酸奶 1~2 盒，食盐适量。

【做法】第一步：将草莓放到盆中，用水洗净，放入少许食盐浸泡 5 分钟，再用水冲洗干净，盛入盘中去蒂，将每个草莓切成两半备用。第二步：把草莓放入酸奶中拌匀即可。

【用法】适量食用。

【功效】具有清热解暑、健脾和胃、瘦身之功效。

### 4. 草莓酒

【组成】鲜草莓 100 克，纯鲜米酒 400 毫升。

【做法】第一步：将草莓洗净，捣烂，用纱布滤取果汁。第二步：将果汁、米酒放入瓦罐中，密封 1 天后即可饮用。

【用法】每天 3 次，每次 20 毫升。

【功效】具有补气养血之功效，能消除疲劳、促进食欲、益气美容，对营养不良、消瘦贫血等病症具有很好疗效。

**实践篇** 藏在水果里的美容方

**外用方 >>**

### 1. 草莓光泽面膜

【组成】草莓50克，橄榄油少许。

【做法】草莓洗净，然后捣成糊状，加入橄榄油拌匀。

【用法】先用温水洗净面部，再将面膜敷于面部、颈部等裸露部位，25分钟后，洗净即可。

【功效】草莓富含维生素，长期使用这种面膜有利于面部肌肤恢复自然光泽，且娇嫩润滑。

### 2. 草莓蜂蜜面膜

【组成】草莓4个，面粉1小匙，酸奶少许，蜂蜜1小匙。

【做法】草莓洗净，榨汁；将面粉和酸奶混合后，放入草莓汁和蜂蜜搅拌均匀。

【用法】先用温水洗净面部，再将面膜敷于面部、颈部等裸露部位，10~15分钟后，洗净即可。

【功效】具有营养皮肤，使皮肤色素沉着减轻之功效。

### 3. 草莓滋润防皱护肤液

【组成】草莓50克，鲜奶1杯。

【做法】将草莓捣碎，用双层纱布过滤，将汁液混入鲜奶中。

【用法】先用温水洗净面部，再将草莓奶液涂于皮肤上加以按摩，保留奶液于皮肤上15分钟后，用清水洗净即可。

【功效】既能滋润、清洁皮肤，又具温和收敛及防皱的功效。

## 荔枝　排毒养颜的圣果

荔枝，又叫丹荔、丽枝、离枝、火山荔、勒荔、荔荔枝，原产于中国南部。果皮有鳞斑状突起，呈鲜红色或紫红色。果肉呈半透明凝脂状，味鲜美，但不易储藏。荔枝与香蕉、菠萝、龙眼一同号称"华南四大珍果"。荔枝品种较多，其中，三月红、妃子笑等较为有名。

### 营养分析

鲜荔枝既好看又好吃，营养也非常丰富，其果肉中含糖量高达 20%，且维生素 C 含量最高。

此外，荔枝还含有蛋白质、脂肪、柠檬酸、果酸、磷、钙、铁等人体所需的营养元素。

荔枝富含维生素，若吃得恰到好处，可改善血管微循环，防止雀斑出现，令皮肤光滑。营养师认为，成人一次吃 10 粒荔枝已达到人体一天对维生素的需要量。所以，吃荔枝要适量。

### 美容原理

荔枝富含糖、柠檬酸、维生素 C、蛋白质、果胶、铁、磷等，可以使面色红润。其味甘，性温，具有添精生髓、生津和胃、补益气血、丰肌泽肤等功效。

现代医学研究证明，荔枝有补肾、改善肝功能、加速毒素排除、促进细胞生成、使皮肤细嫩等作用，是排毒养颜的理想水果。

## 食用宜忌

荔枝味甘、酸，性温，入心、脾、肝经。果肉具有补脾益肝、理气补血、温中止痛、补心安神的功效。核具有理气、散结、止痛的功效。荔枝可止呃逆、腹泻，是顽固性呃逆及五更泻者的食疗佳品，同时又可补脑健体、开胃益脾。荔枝既适合体质虚弱、病后津液不足、贫血患者食用，又适合脾虚腹泻或老年人五更泻、胃寒疼痛、口臭患者食用。

荔枝性温、燥，阴虚火旺的人最好少吃，容易过敏的人也不适合吃荔枝，否则会出现腹痛、腹泻、皮疹等症状。患有慢性扁桃体炎和咽喉炎的人，不宜多吃荔枝，否则虚火会加重。此外，内火重的孩子最好不要吃。成人每天吃荔枝的量不要超过300克，儿童不要超过5颗。

吃荔枝还要注意，尽量不要空腹吃，否则会引发低血糖，在吃荔枝之前最好喝一点儿凉茶、盐水，或者绿豆水等。

## 精挑细选

一看荔枝的色泽。新鲜荔枝色泽鲜艳，但并非完全呈红色，而是暗红色，许多表皮甚至有些绿色，这样的比较新鲜。

二看荔枝的柄部。检查荔枝带柄的部位，如果没有小洞或者蛀虫，则说明荔枝新鲜。

三触摸荔枝外壳。用手轻触荔枝外壳，按捏荔枝，如果感觉紧硬而且有弹性，则荔枝相对成熟，比较好。此外，检查荔枝外壳的龟裂片是否平坦、缝合线是否明显，如果是，则说明荔枝新鲜。

四闻荔枝的气味。新鲜的荔枝一般都有一种清香的味道，如果有酒味或是酸味等异常的味道，说明荔枝不新鲜了。

五看荔枝的大小与形状。一般而言，个头越大、外形越匀称的荔枝越好。

## 美容妙用

**内食方 >>**

### 1. 养颜荔枝茶

【组成】荔枝 100 克，红茶若干，冰块、蜂蜜适量。

【做法】先将新鲜的荔枝去皮、去核，榨成汁，然后倒入红茶，加上冰块和蜂蜜，即可。如果喜欢别样的味道，还可加入少许柠檬片，这样能让果香味更加浓郁。

【用法】适量饮用。

【功效】此茶具有美容养颜的功效。

### 2. 荔枝大枣羹

【组成】新鲜荔枝 100 克，大枣 10 枚，白糖少许。

【做法】第一步：将荔枝去皮及核，切成若干小块备用。第二步：将大枣洗净，先放入锅内，加清水煮。第三步：水开后，放入荔枝、白糖，待糖溶化烧沸后，装入汤碗。

【用法】佐食。

【功效】荔枝大枣羹有甘温养血、健脾养心、安神益智的功效。适用于气血不足、面色萎黄、失眠健忘等病症患者。妇女产后虚弱、贫血者也可常食。

### 3. 荔枝桂圆汤

【组成】荔枝 200 克，桂圆肉 100 克，炼乳或鲜奶 50 克，冰糖 10 克。

【做法】第一步：将荔枝、桂圆肉切成小块备用。第二步：锅内放清水煮化冰糖，再加炼乳煮开，即起锅盛入汤碗内，撒上荔枝和龙眼肉即成。

【用法】适量服用。

【功效】此汤具有益心脾、增智慧、填精髓、美容颜的功效，尤其适用于心脾两虚，以致失眠健忘、贫血，或病后津液不足等患者食用。

### 4. 荔枝粥

【组成】粳米 100 克，干荔枝 50 克，冰糖 20 克。

【做法】第一步：将粳米淘洗干净，用冷水浸泡发胀。第二步：干荔枝去壳取肉，用冷水漂洗干净。第三步：将粳米与干荔枝肉同放入砂锅内，加入约 1 200 毫升冷水，先用旺火烧沸，然后改小火焖煮至米烂粥稠，适量调入冰糖即可。

【用法】适量食用。

【功效】此粥具有益血润肤、美

044

容养颜的功效。

## 5. 荔枝西米露

【组成】荔枝若干，西米若干，牛奶若干。

【做法】第一步：将锅中水煮沸，放入西米，煮到西米半透明，捞出。第二步：再煮一锅沸水，把刚才捞出的西米倒入继续煮，一直煮至全部透明，滗去沸水。第三步：煮一小锅牛奶，放少许糖，把牛奶倒进西米里一起煮，不要煮太久。第四步：把煮好的西米牛奶放进冰箱，直至冰冻成西米露，把去皮的荔枝放到西米露中，即可。

【用法】适量食用。

【功效】具有滋养容颜之功效。

## 外用方 >>

### 1. 荔枝美白面膜

【组成】新鲜荔枝 10 颗，天然维生素 E 胶囊 1 粒，鸡蛋清 1 份。

【做法】荔枝去皮、去核，放入榨汁机中榨汁，再将维生素 E 胶囊中的粉末倒入蛋清中，与荔枝汁一同调制成稀薄的糊即可。

【用法】先用温水清洗脸部，面膜涂抹于脸部，15~20 分钟后，用清水洗净面部。

【功效】荔枝面膜具有很好的美白功效，既能滋润干燥肌肤，帮助缓解肌肤粗糙感，又补充肌肤所需的营养。

### 2. 荔枝牛奶面膜

【组成】荔枝若干，牛奶适量。

【做法】将荔枝连壳焙干，研成细末，加入牛奶，调成糊状即可。

【用法】先用温水清洗脸部，将面膜涂抹于脸部，15~20 分钟后，用清水洗净面部。

【功效】常用可使皮肤变得光滑细腻。

### 3. 荔枝果肉泥

【组成】鲜荔枝若干，蜂蜜少许。

【做法】将荔枝去皮、去核，放入榨汁机中打成泥，加入少许蜂蜜，调成糊状即可。

【用法】先用温水清洗脸部，将面膜涂抹于脸部，15~20 分钟后，用清水洗净面部。

【功效】可以补充皮肤水分，抑制皮肤中的黑色素生成，使皮肤滋润光滑、洁白水嫩。

# 龙眼 不老神品

龙眼多产于广东和广西地区，我国是龙眼的主要种植地之一。民间将龙眼与荔枝、香蕉、菠萝同列为"华南四大珍果"。龙眼呈圆形，如弹丸，略小于荔枝，皮青褐色，果肉晶莹剔透，隐约可见肉里红黑色果核，极似眼珠，故以"龙眼"名之。果实可生吃或加工成干制品，肉、核、皮及根均可入药。

## 营养分析

龙眼营养丰富，含铁、钙、磷、钾等多种元素，还含有多种氨基酸、皂素、X－甘氨酸、鞣质、胆碱等，对滋补身体具有很好的作用。

此外，龙眼所富含的葡萄糖、蔗糖和蛋白质及铁等，可在提高热能、补充营养的同时，促进血红蛋白再生，从而达到补血的功效。

## 美容原理

龙眼味甘，性温、平，具有补心脾、益气血、健脾胃、养肌肉等功效，是病后虚弱、贫血等症的营养佳品。其富含碳水化合物、蛋白质、多种氨基酸和维生素，对中老年人而言，能起到保护血管和防止血管硬化的作用。

国外研究表明，龙眼具有抗衰老的作用，这跟我国药学专著《神农本草经》中所载龙眼有轻身不老之说相吻合。可见，龙眼是具有开发价值的抗衰老食品。

## 食用宜忌

龙眼肉具有补心脾、益气血的功效，适合于思虑过度所引起的心跳心慌、头晕失眠者，大脑神经衰弱、健忘和记忆力低下者，年老气血不足、产后妇女体虚乏力、营养不良引起的贫血患者，以及更年期女性食用。

但是，龙眼属湿热食物，多食易滞气，且含糖量高，因此，有以下症状的人尽量少吃或者不吃龙眼：有上火发炎症状者；内有痰火或阴虚火旺，以及湿滞停饮者；糖尿病患者、月经过多者、孕妇等。

## 精挑细选

一看龙眼果皮。好的龙眼果皮没有斑点、干净整洁，而外表有霉点最好不选，否则对身体有害。外表有裂纹的龙眼也最好不买，因为味道会很怪异。

二看龙眼颜色。好的龙眼一般呈土黄色，因为这样的龙眼日照充足，水分充足，而呈金黄色的则不太甜。

三捏龙眼的硬度。用手轻捏龙眼，如果感觉硬实、饱满，说明龙眼不错，如果捏起来感觉很软，则说明龙眼不新鲜或者变质了。

四看果肉。好的龙眼果肉透明，有水分，而不好的龙眼则看起来干瘪。

实践篇 藏在水果里的美容方

## 美容妙用

**内食方 >>**

### 1. 龙眼枸杞鸡汤

【组成】鸡肉 400 克，龙眼 100 克，枸杞子 25 克，盐 4 克。

【做法】第一步：鸡肉洗净，切块；龙眼去壳；枸杞子洗净，浸泡片刻。第二步：鸡肉块放入沸水中烫后捞出，冲净后放入锅中备用。第三步：将龙眼、枸杞子一起放入锅中，加适量水，用大火煮沸；然后改小火慢炖 30 分钟，加盐调味即可。

【用法】食用。

【功效】具有气血双补、补虚养身的功效。

### 2. 龙眼糯米粥

【组成】糯米 100 克，龙眼肉 10 克，大枣 10 克，白糖适量。

【做法】将糯米、龙眼肉、大枣洗净，加适量水煮，用文火熬煮。熬煮 1 小时后，粥熟加适量白糖调味，即可食用。

【用法】食用。

【功效】适用于心脾气血不足引起的心悸、失眠、健忘、纳少等症状或气血不足之人调养身体，还具有美容养颜之功效。

龙眼肉

### 3. 龙眼百合莲子

【组成】龙眼肉 50 克，百合 50 克，莲子 50 克，白糖 50 克。

【做法】将龙眼肉、百合、莲子洗净，放入碗中加清水，放锅内蒸。莲子熟后，加白糖，再蒸 10 分钟即可。

【用法】适量食用。

【功效】补益心脾，适用于心脾两虚所致的心悸、气短、失眠等症状的患者调养身体，还具有润肤养颜之功效。

### 4. 龙眼莲子汤

【组成】龙眼肉 12 ～ 15 克，莲子（去心）12 克，芡实 10 克，盐少许。

【做法】将龙眼肉、莲子、芡实洗净，放入锅中煮 30 分钟，加盐调味即可。

【用法】适量食用。

【功效】用于治疗心脾两虚所致的心悸、自汗等症状，亦治贫血、神经衰弱等症状，还具有美容养颜之功效。

### 5. 龙眼红枣银耳羹

【组成】龙眼 25 克，红枣 30 克，莲子 30 克，干银耳 5 克。

【做法】第一步：先将干银耳用水浸泡，洗净后撕成小块；红枣切开，去核；龙眼剥去外壳后，放入热水中浸泡一会儿，去核。第二步：将银耳和莲子放入锅中，加水煮开后转小火，煮约 40 分钟至银耳黏稠，倒入红枣肉和龙眼肉，小火煮约 30 分钟即可。

【用法】适量食用。

【功效】具有补气血、恢复元气、抵御风寒、延缓衰老的功效。

## 外用方 >>

### 1. 杏仁龙眼面膜

【组成】杏仁粉 20 克，龙眼 30 克，蜂蜜少许。

【做法】将龙眼去壳、去核，放入搅拌机中搅成泥状，再加入杏仁粉和蜂蜜一同搅拌均匀即可。

【用法】先用温水清洁脸部肌肤，再将调好的面膜均匀地涂抹于脸部和唇部，15~20 分钟后，用温水洗净面部即可。

【功效】具有抗皱紧肤、延缓衰老的功效。

实践篇 藏在水果里的美容方

## 2. 龙眼柠檬苹果泥

【组成】柠檬、苹果、香蕉、龙眼各适量，鸡蛋1个。

【做法】将柠檬、苹果、香蕉、龙眼清洗干净，去皮、去核，放入榨汁机中榨汁，滴入蛋清调匀，捣成泥状即可。

【用法】先用温水清洁脸部肌肤，再将调好的龙眼柠檬苹果泥均匀地涂抹于面部，20分钟后取下，用温水洗净面部即可。

【功效】具有美白补水的效果，很适合夏季使用。

## 3. 龙眼蜂蜜面膜

【组成】新鲜龙眼若干，蜂蜜少许。

【做法】将新鲜龙眼去皮、去核，将龙眼肉压制成泥，加入少许蜂蜜，搅拌均匀即可。

【用法】先用温水清洁脸部肌肤，再将调好的面膜均匀地涂抹于脸部，20分钟后取下，用温水洗净面部即可。

【功效】经常使用该面膜，可以为肌肤提供更充足的养分，使容颜水嫩、丰满，富有弹性。

## 桃子　天下第一果

桃子，又名山桃、蜜桃、寿果等，原产于中国，是一种果实作为水果的落叶小乔木。桃有许多品种，一般桃子果皮有毛，油桃的果皮光滑。桃子多汁，可以生食或制桃脯、罐头等。果肉有白色的和黄色的。

### 营养分析

桃子向来有"寿桃"和"仙桃"的美称，由于其肉质鲜美，因此又被称为"天下第一果"。桃子营养丰富，其含水量高。此外，桃子还含有多种维生素、苹果酸和柠檬酸等，而热量却不高。

桃子富含果胶，具有整肠的功效。其含铁量在水果中名列前茅，是苹果和梨的 4 ~ 6 倍。众所周知，铁是人体造血的主要元素，对人体起着非常重要的作用。

## 美容原理

中医学认为，桃子性热而味甘酸，具有补心、生津、解渴、消积、润肠、解劳热之功效，为"肺之果"，尤其适合低血糖、肺病、虚劳喘嗽者食用。

而桃仁也是宝物，具有祛瘀血、润燥滑肠、镇咳的作用，对治疗瘀血停滞、闭经腹痛、高血压和便秘等有重要作用。

## 食用宜忌

桃子虽然营养丰富，适合一般人群食用，但也有禁忌，需要注意。首先，注意量的问题，如果吃得太多则会上火，甚至引发身体起疮。一般而言，成人每天控制在 10 个以内，小孩则尽量少吃。其次，由于桃子含有糖类物质，因此糖尿病患者最好少吃桃子。再次，妊娠妇女一定要忌用或慎用桃仁，因为桃仁含有苦杏仁甙，容易发生氢氰酸中毒。最后，桃子忌与甲鱼同食。

## 精挑细选

一看颜色。一般而言，比较成熟的桃子颜色呈红色，而市面上所见到的红色桃子却不一定完全成熟。如果桃子尖部是红色的，下面却是绿色的，这样的桃子多数是半成熟的，味道不好。

二看斑点。表面斑点多的桃子往往甜度很高、味道鲜美。而事实上，大多数人会选择表面斑点少的桃子。

三看大小。较好的桃子一般大小适中，因为太大的桃子往往会出现里面开裂的情况。

四摸表皮。现在市面上的桃子有些含有保鲜剂，在购买的时候，可以用手摸桃子的表面，如果感到表面的桃毛扎手，那么说明桃子没有添加保鲜剂等，是新鲜的；而如果不扎手，则说明放置太久，或者含有添加剂，是不新鲜的，不宜购买。

五掂重量。同等大小的桃子要注意其重量问题，一般而言，较重的桃子水分大、口感好，而较轻的桃子则口感不好。

## 美容妙用

内食方 >>

### 1. 莲子桃子番茄汤

【组成】去芯的莲子、桃子、番茄沙司、清水各适量。

【做法】莲子提前用清水泡一夜；桃子去核，切块备用。莲子、番茄沙司放入清水中煮沸，转文火煲30分钟；加入桃子，煮沸后，转文火煲10分钟，即可。

【用法】适量食用。

【功效】具有清肺润燥、养心安神、美容养颜之功效。

### 2. 桃子沙拉

【组成】鲜桃、清水、丁香花、白砂糖、豆蔻、沙拉酱各适量。

【做法】第一步：用白砂糖、丁香花、豆蔻和水制成糖水，倒入锅内煮沸加盖，浸泡10分钟。第二步：桃子去皮，整个浸渍在热糖水中。第三步：取出桃子，切片，将核挖去，装在汤盆内，浇上沙拉酱，即可。

【用法】适量食用。

【功效】具有红润肌肤之功效。

### 3. 冰糖蜜桃

【组成】水蜜桃750克，红樱桃12粒，冰糖150克，湿淀粉适量。

【做法】第一步：将桃洗净，去皮，去核，切成两半，扣在碗里，加入70克冰糖，盖上盖，隔水蒸煮10分钟左右，将蜜桃取出放在汤碟中。第二步：将剩下的桃汁倒入锅中，加入剩下的冰糖与少量清水，用小火煮沸，等冰糖溶化后，再用湿淀粉勾芡。第三步：将勾芡的浓汁淋在蜜桃上，周围摆满樱桃，然后放入冰箱冰镇即可。

【用法】适量食用。

【功效】具有调中益气、活血化瘀、润肠通便、增强体质、美白润肤之功效。

### 4. 桃柿子汁

【组成】桃子2个，柿子2个。

【做法】第一步：将桃子洗净，去核，切成小块，放入榨汁机中榨汁，倒入杯中备用。第二步：柿子洗净，切小块，放入榨汁机中榨汁，倒入杯中备用。第三步：将两种汁液混匀即可。

【用法】适量饮用。

【功效】这款饮料富含维生素C，

不但能够提高免疫系统功能，还能延缓衰老。

外用方 >>

### 5. 桃粥

【组成】鲜桃 2 个，粳米 100 克，冰糖适量。

【做法】第一步：将鲜桃洗净、去核，切成碎块。第二步：将粳米淘洗干净，放入锅中煮，再放入桃肉和冰糖，熬成粥即可。

【用法】适量食用。

【功效】经常食用能强身健体，丰肌美肤，悦容颜。

### 1. 木瓜桃子柠檬面膜

【组成】熟透的木瓜 1/2 个，熟透的桃子 1/4 个，柠檬 1/8 个。

【做法】将木瓜、桃子去皮及核，捣成泥，柠檬榨汁，三者混合即可。

【用法】先用温水洗净面部，再用面膜涂抹，20 分钟后，用清水洗净面部。

【功效】木瓜富含活性酶，可去除坏死细胞；桃子富含维生素 A、

实践篇 藏在水果里的美容方

维生素 C；柠檬富含柠檬烯、苦素等，具有软化皮肤角质层的作用。

### 2. 桃子蛋清液

【组成】蛋清 1 个，熟透的桃子 1 个。

【做法】将桃子去皮、去核，与蛋清一起放入搅拌器中搅匀，直至看不到颗粒为止。

【用法】用手掌将混合物轻拍于整个面部，大约 20 分钟后，用冷水冲洗干净面部即可。

【功效】桃子含有蛋白质、糖类、膳食纤维、维生素 $B_1$、维生素 $B_2$、维生素 C，以及磷、铁、钙、钾等营养成分，具有滋润肌肤的功效。

### 3. 桃米爽肤水

【组成】桃子 1 个，淘米水少许。

【做法】第一步：将桃子洗净，去皮、去核，切块，放入榨汁机中榨汁，倒入杯中备用。第二步：将桃子汁与淘米水按照 1:3 比例混合。

【用法】用温水洗净面部，再用手掌将混合液体轻拍于整个面部，20 分钟后，用水洗净面部即可。

【功效】具有润泽肌肤、增加肌肤弹性、预防皱纹的功效。

## 葡萄 活肤的水果之神

葡萄是地球上最古老的植物之一，最先在地中海沿岸生长，随着东西方的交流与沟通，葡萄传入中国。目前，葡萄已遍布全世界，占全世界水果产量的 1/4，是大家心目中的"水果之神"。

### 营养分析

葡萄含有大量的营养成分，葡萄汁被称为"植物奶"。葡萄含有极高的糖（高达 10%~30%，以葡萄糖为主）。这些糖分中，大部分容易被人体直接吸收，转化为人体所需的营养物质。葡萄中还含有铁、钙、钾、磷、维生素 $B_1$、维生素 $B_2$、维生素 $B_6$、维生素 C、烟酸以及人体所需的多种氨基酸。

葡萄中含有的果酸能够促进消化，健脾和胃。而其含有的钙、钾、磷、铁，以及维生素 $B_1$、维生素 $B_2$、维生素 $B_6$、维生素 C 等，对神经衰弱、疲劳过度的人来说具有大补的作用。

此外，葡萄干虽然含水量低，但其含铁量相对较高，是贫血、虚弱者的滋补良品。

## 美容原理

葡萄所含营养丰富，是美容圣品。首先，它所富含的多酚类物质具有超强的抗酸化和抗氧化的功效，可以将自由基在伤害细胞前就除去，进而起到紧致肌肤、延缓衰老的作用。其次，葡萄含有镁及多种 B 族维生素，具有增强肌肤活力的功效，能深层滋润肌肤、抗衰老及促进皮肤细胞再生。最后，葡萄皮和籽所含有的葡萄多酚是最强而有力的抗自由基分子，能够软化肤质，使皮肤滋润保湿，进而让皮肤更加光滑。

## 食用宜忌

葡萄营养价值丰富，适合一般人群食用，既适合神经衰弱、疲劳过度、体倦乏力、形体羸瘦、未老先衰的患者食用，又适合肺虚咳嗽、盗汗、风湿性关节炎、四肢筋骨疼痛的患者食用。尤其适合患有冠心病、脂肪肝、癌症、肾炎、高血压、水肿等疾病的患者食用。此外，葡萄还对孕妇有安胎之功效。

葡萄虽好，但也要注意一些禁忌，比如吃葡萄后不能立刻喝水，否则会导致腹泻，因为葡萄

本身具有通便润肠的功效。葡萄不能跟牛奶同食，因为牛奶里所含的成分会与葡萄里的维生素C发生反应，进而导致腹泻、呕吐等症状。葡萄也不要与海鲜同食，否则会出现呕吐、腹胀、腹痛、腹泻等症状。吃完葡萄一定要漱口，否则葡萄中所含的发酵糖类物质会损害牙齿。此外，葡萄的食用量要注意控制，不可过多食用。

## 精挑细选

一看品种。葡萄品种多，在购买时要注意选择。一般而言，绿提品质较差，甜度低；赤霞珠

味道甜美；而巨峰、红提、玫瑰香则是2月、8月最适合购买的品种。

二选口味。巨峰酸甜；红提比巨峰更酸甜；玫瑰香皮厚、子多，口味酸甜，酸度和甜度适中；绿提酸甜度比较低。

三看表皮。一般而言，新鲜葡萄表面都有一层白色的霜，一碰就掉，如果没有白霜，说明葡萄是被挑剩的，不新鲜。

四看果梗。如果葡萄的果梗与果粒之间比较结实，说明葡萄新鲜。如果果梗与果粒之间显得摇摇欲坠，则说明葡萄不新鲜。

五捏果粒。对于装在包装袋里的葡萄，无法直接辨别好坏，这时可以通过隔着包装袋捏果粒，看看果梗和果粒之间是不是结实，不结实说明不新鲜。

六看果粒。不同品种的葡萄，果粒不同。但是，同一串上的葡萄，果粒越大、越饱满，则说明葡萄越好吃。

七掂穗重。这是一种常用的挑选葡萄的方法。同样大小的两串葡萄，重的那一串说明水分多，营养丰富。

 这里指的是图片右侧竖排文字：

实践篇 藏在水果里的美容方

# 美容妙用

内食方 >>

### 1. 葡萄醋

【组成】葡萄2 000克，香醋、蜂蜜各适量。

【做法】第一步：将葡萄洗净，去皮、去籽后榨汁备用。第二步：将过滤后的果汁倒入杯中，加入香醋、蜂蜜调匀即可。

【用法】适量饮用。

【功效】具有帮助有益菌繁殖，消除皮肤色斑之功效。

### 2. 葡萄干焖鸡块

【组成】鸡肉1 000克，葡萄干100克，番茄125克，土豆750克，青椒150克，新鲜豌豆125克，芹菜50克，葱头50克，植物油100克，大蒜5克，醋精5克，精盐适量，胡椒粉少许。

【做法】第一步：将鸡肉洗净切成块，抹上少许盐、胡椒粉腌片刻；番茄、土豆、青椒洗净，切块；葱头洗净，切丁；大蒜、芹菜洗净，切末备用。第二步：锅烧热后倒入植物油，待油温六成热时，放入大蒜、葱头炒至微黄后，放入鸡块一起炒至黄色，加入番茄、芹菜炒透后，倒入适量鸡清汤，用文火焖至八成熟时，放入葡萄干、土豆、青椒、豌豆，拌匀用小火焖熟后，加入精盐、胡椒粉、醋精调好口味，即可食用。

【用法】适量食用。

【功效】具有滋补养颜之功效。

### 3. 葡萄土豆泥

【组成】土豆50克，葡萄干8克，蜂蜜少许。

【做法】第一步：将葡萄干用温水泡软，切碎；土豆洗净，蒸熟去皮，趁热做成土豆泥。第二步：将炒锅置火上，加水少许，放入土豆泥及葡萄干，用微火煮，熟时加入蜂蜜调匀即可。

【用法】适量食用。

【功效】具有滋补养颜之功效。

### 4. 蓝莓葡萄汁

【组成】葡萄100克，蓝莓50克，甘蓝50克，苹果50克，柠檬少许。

【做法】第一步：将葡萄、苹果分别洗净，葡萄去籽，苹果去皮、去核；蓝莓和甘蓝分别洗净，甘蓝切成丁。第二步：将葡萄、苹果、蓝莓、甘蓝和少许柠檬放入榨汁机中榨汁即可。

【用法】适量饮用。

【功效】经常饮用能够软化血管，促进细胞新陈代谢，加速体内毒素的排出，从而延缓衰老。

### 5. 鲜葡萄汁

【组成】新鲜葡萄100克，白糖适量。

【做法】将葡萄去梗，放入榨汁机中榨取汁液，加入白糖调匀，放到冰箱中冷藏片刻即可。

【用法】适量饮用。

【功效】具有和中健胃、增进食欲的功效。经常饮用能美容养颜、延年益寿。

## 外用方 >>

### 1. 葡萄籽面膜

【组成】葡萄籽胶囊两粒，面粉、蜂蜜适量。

【做法】第一步：将葡萄籽胶囊中的粉末倒出，然后放在一个干净的容器里。第二步：加入适量纯净水、面粉，以及同样有美白润肤作用的蜂蜜，搅成糊状即可。

【用法】洁面后，将面膜均匀地敷在脸上10~15分钟，一周做一次。

【功效】具有很强的抗氧化作用，能有效抵抗皮肤氧化衰老。

### 2. 葡萄橘子汁面膜

【组成】葡萄25粒，橘子1个。

【做法】将葡萄、橘子洗净，去皮及籽备用。将橘子和葡萄放入榨汁机中榨汁，倒出后即可。

【用法】洁面后，将面膜均匀地敷在脸上10~15分钟，一周做一次。

【功效】能增强皮肤抵抗力，帮助皮肤补水，可保持皮肤嫩滑。

### 3. 葡萄紧肤露

【组成】葡萄适量。

【做法】将葡萄去皮、去籽，将肉捣烂即可。

【用法】先用温水洗净面部，再将葡萄泥均匀地涂抹于面部，10~15分钟后，用温水洗净面部即可。

【功效】具有润滑肌肤之功效。

# 猕猴桃 维C之冠

中国是猕猴桃的原产地。由于猕猴喜食这种水果，故名"猕猴桃"。猕猴桃是一种口味鲜嫩、营养丰富、风味鲜美的水果。

## 营养分析

猕猴桃营养丰富，不仅富含维生素C、维生素A、维生素E以及钾、镁、纤维素，还含有其他水果比较少见的营养成分，如叶酸、胡萝卜素、钙、黄体素、氨基酸、天然肌醇等。

其中，猕猴桃的含钙量是葡萄的2.6倍、苹果的17倍、香蕉的4倍，维生素C的含量是柳橙的2倍。

## 美容原理

猕猴桃被誉为"水果之王""维C之冠"，它具有丰富的营养价值，对人体保健、美容、排毒、抗癌起着重要的作用。其所含有的维生素C和维生素E，不但能美丽肌肤，而且具有抗氧化作用，在有效增白皮肤、消除雀斑和暗疮的同时，可增强皮肤的抗衰老能力。

猕猴桃还含有大量可溶性纤维，能促进人体碳水化合物的新陈代谢，帮助消化，防止便秘。此外，其富含的矿物质能保护头发免受脏空气污染，令头发丰莹润泽。

## 食用宜忌

猕猴桃适合一般人群食用，尤其适合胃癌、食管癌、肺癌、乳腺癌、高血压病、冠心病、黄疸肝炎、关节炎、尿道结石的患者食用。

但患有脾胃虚寒、腹泻便溏、糖尿病等病症的患者，以及先兆性流产和妊娠的妇女不能食用猕猴桃。

## 精挑细选

一看形状。猕猴桃的顶端是尖尖的，一般是好的猕猴桃，而呈鸭子嘴巴形状的猕猴桃则尽量少买。

二看颜色。好的猕猴桃颜色略深，呈土黄色，这样的果实日照充足，果肉鲜美。

三捏软硬。好的猕猴桃果肉整体偏软，而不好的猕猴桃往往只有某一个部位是软的。

## 美容妙用

### 内食方 >>

#### 1. 蜂蜜猕猴桃丁

【组成】猕猴桃 4 个，食盐 1/4 小匙，白糖 3 勺，蜂蜜少许。

【做法】第一步：将猕猴桃去皮洗净，切成小丁状，加入白糖、盐搅拌均匀，腌制 1 小时。第二步：放入锅中煮，煮开后以小火慢炖。第三步：将煮好的猕猴桃放凉后装瓶，倒入蜂蜜，搅拌均匀即可。

【用法】适量食用。

【功效】具有美容护肤之功效。

#### 2. 猕猴桃汁

【组成】猕猴桃 2 个，蜂蜜、柠檬汁、凉开水、碎冰各适量。

【做法】第一步：猕猴桃洗净，去皮，放入榨汁机中，加入适量凉开水榨出果汁，倒入杯中。第二步：加入蜂蜜、柠檬汁搅匀，投入碎冰即可。

【用法】适量饮用。

【功效】猕猴桃中富含的维生素 C 是一种抗氧化剂，能够有效抑制癌症发生，是抗癌美容的佳品。

#### 3. 猕猴桃甜果羹

【组成】猕猴桃 4 个，白糖 50 克，清水 400 毫升，水淀粉 2 匙，鸡蛋 1 个，干果碎少许。

【做法】第一步：将猕猴桃去皮，切丁，然后搅拌成泥；鸡蛋打散。

第二步：将猕猴桃果泥倒入小砂锅，注入清水和糖，边煮边搅拌。

第三步：煮沸后，加入淀粉，保持一个方向搅拌均匀，调成小火煮，最后加入鸡蛋液。第四步：煮开后，将羹倒入盆中，撒上干果碎即可。

【用法】适量食用。

【功效】具有清热解毒之功效。

#### 4. 猕猴桃奶昔

【组成】猕猴桃 1 个，牛奶 1 盒，柠檬半个，砂糖 5 克。

【做法】将猕猴桃和柠檬洗净，去皮，切成小块后放入搅拌机中，加入牛奶、砂糖，搅拌 20 秒后，倒入杯中即可。

【用法】适量食用。

【功效】具有美白肌肤之功效。

#### 5. 三果羹

【组成】猕猴桃 400 克，苹果 150

克，香蕉 100 克，白糖 75 克，淀粉 50 克。

【做法】第一步：香蕉去皮，切成丁；苹果洗净，去皮、去核，切成丁。第二步：将猕猴桃去皮，用纱布包好，挤出果汁，将果汁倒入锅中，放入适量白糖和清水，煮沸后，再放入香蕉丁和苹果丁，再煮沸后，慢慢倒入淀粉，边倒边搅，煮沸后出锅晾凉即可。

【用法】适量食用。

【功效】具有清热解毒、润肺生津、滋阴养胃的功效。

## 外用方 >>

### 1. 猕猴桃凤梨面膜

【组成】猕猴桃 2 个，小西红柿 8 个，凤梨罐头 8 片，盐 1/2 匙，蜂蜜 1 小匙，水果醋 1.5 大匙。

【做法】第一步：将猕猴桃去皮，洗净，切成小片。第二步：小西红柿洗净，用刀划"十"字后放入开水中煮 30 秒，捞起去皮，沥干水分备用。第三步：将猕猴桃、凤梨、小西红柿放入榨汁机中榨汁，在汁液中加入盐、蜂蜜、水果醋，搅拌均匀即可。

【用法】先用温水洗净面部，再将面膜涂抹在脸部，20 分钟后，用温水洗净面部即可。

【功效】具有美容养颜之功效。

### 2. 猕猴桃橄榄油面膜

【组成】猕猴桃 1 个，橄榄油、蜂蜜各适量。

【做法】将蜂蜜与橄榄油按照 1:1 的比例混合备用。将猕猴桃洗净，去皮，切成薄片即可。

【用法】先用温水洗净脸部，再将猕猴桃片蘸上混合液，贴在脸上，10~15 分钟后，用温水洗净面部即可。

【功效】具有滋润肌肤之功效。

### 3. 猕猴桃酸奶面膜

【组成】猕猴桃 1 个，酸奶适量。

【做法】将猕猴桃洗净、去皮，切碎，捣烂，再加入适量酸奶，调成糊状即可。

【用法】先用温水洗净面部，再将面膜贴于面部，15 分钟后，用温水洗净面部，每周做 2~3 次。

【功效】此面膜对皮肤有很好的按摩作用，能使干燥的皮肤柔软，保持水嫩。

实践篇 藏在水果里的美容方

# 木瓜 美白丰胸上品

木瓜，别名榠楂、木李、光皮木瓜，是一种原产南美洲后扩散到世界各地的水果。其果皮光滑、果肉厚实、香气浓郁、甜美可口、营养丰富，有"百益之果""万寿瓜"等雅称，是岭南四大名果之一。

## 营养分析

木瓜营养丰富，所含水分较高，而热量很低。它含有 17 种以上的氨基酸，其中色氨酸和赖氨酸含量最高；含有不饱和脂肪酸、木瓜酶、维生素 C、维生素 B 及钙、磷等矿物质，还含有丰富的胡萝卜素、蛋白质、钙盐、蛋白酶、柠檬酶等。

## 美容原理

木瓜具有很高的美容价值，其所含的胡萝卜素和维生素 C，具有很强的抗氧化能力，能帮助机体修复组织细胞，清除有毒物质，增强人体免疫力。

木瓜中富含木瓜酶、丰胸激素及维生素 A，不但能刺激女性

荷尔蒙分泌，还可刺激卵巢分泌雌激素，使乳腺畅通，达到丰胸的目的。

木瓜含有的木瓜酵素能够分解蛋白质、糖类、脂肪，促进新陈代谢，将体内多余脂肪排出体外。

木瓜中富含的维生素C及木瓜酶，能促进毒素排出体外，由内到外清洁肌肤。

## 食用宜忌

木瓜适合一般人群食用，尤其适合风湿筋骨痛、慢性萎缩性胃炎、跌打损伤、消化不良、肥胖患者，但不适宜孕妇、过敏体质人士。此外，木瓜中含有番木瓜碱，有毒性，不宜多吃。

## 精挑细选

一看"公母"。公瓜呈椭圆形，较重，核少肉结实，味甜香；母瓜则体形较长，核多肉松，味道稍微差一些。

二看颜色。成熟的木瓜往往瓜皮呈黄色，味道清甜；而瓜皮有黑点的，则说明木瓜已变质，甜度不高、香味较差或营养被破坏。

## 美容妙用

**内食方 >>**

### 1. 银耳炖木瓜

【组成】银耳 15 克，木瓜 1 个，北杏仁 10 克，南杏仁 12 克，冰糖适量。

【做法】第一步：将银耳用清水浸泡，洗净；木瓜去皮、去籽，切成小块；南北杏仁去衣，洗净。第二步：将银耳、木瓜、南北杏仁、冰糖放入锅中，加入适量开水，炖煮 20 分钟后即可。

【用法】适量食用。

【功效】具有滋润养颜的功效，经常食用可以养阴润肺，使皮肤得到滋润，防止皱纹过早出现，保持皮肤幼嫩，延缓衰老。

### 2. 木瓜牛奶果汁

【组成】木瓜 100 克，香蕉 1 根，柳橙半个，牛奶 150 毫升，冷开水 50 毫升，冰块适量。

【做法】第一步：木瓜去籽，挖出果肉；香蕉去皮；柳橙去皮除籽备用。第二步：将准备好的水果放入果汁机内，加入牛奶、冷开水，搅拌均匀。第三步：将果汁倒入装有冰块的杯中即可。

【用法】适量饮用。

【功效】常喝此汁可解毒、止痒、改善视力、预防脱发等。

### 3. 木瓜炖牛排

【组成】木瓜1个，牛排200克，蒜末、辣椒少许，蚝油、高汤、米酒、淀粉适量。

【做法】第一步：牛排用适量的盐腌4小时后，切成条状。第二步：木瓜切条，用小火过油，盛出备用。第三步：蒜末、辣椒入油锅爆香后，将牛排下锅，再加入蚝油、高汤和少许米酒，煮熟。第四步：用淀粉勾芡，再加入木瓜拌炒一下即可。

【用法】适量食用。

【功效】此菜富含蛋白质、钙、磷、铁、维生素A和维生素C等，具有美容养颜之功效。

### 4. 木瓜鲜奶露

【组成】木瓜600克，鲜奶1杯，椰汁半杯，糖200克，玉米粉3汤匙。

【做法】第一步：木瓜去核、去皮，切丁。第二步：将糖放入锅中，添加2杯水煮沸，然后放入木瓜丁、鲜奶、椰汁，用慢火煮沸。第三步：用少半杯水兑入玉米粉，逐步加入奶露中，煮成稠状即可。

【用法】适量食用。

【功效】常食本品可使皮肤光滑。

### 5. 木瓜牛奶

【组成】木瓜150克，鲜奶200毫升，香草冰激凌（1小盒），糖1小匙。

【做法】第一步：木瓜去皮、去核，切块。第二步：将木瓜放入果汁机中，加鲜奶、糖、冰激凌（适量），用中速搅拌几分钟即可。

【用法】即时饮用，要注意置放时间，夏天不超过20分钟，冬天不超过30分钟。

【功效】木瓜中的维生素C与鲜奶中的钙质，是人体所需的营养成分，具有美容养颜之功效。

### 6. 木瓜橘子汁

【组成】木瓜1个，橘子130克，柠檬50克。

【做法】第一步：木瓜削皮去籽，切块，捣烂取汁备用。第二步：将橘子和柠檬切开，挤出汁液与木瓜汁混合，搅匀即可。

【用法】适量饮用。

【功效】本品不但可以使肌肤光滑，还有助于消化、润肠，是老幼皆宜的饮品。

外用方 >>

### 1. 木瓜面膜

【组成】木瓜适量，面粉50克。

【做法】第一步：将木瓜平均分成4份，去皮，去籽，榨成泥。第二步：将面粉放入木瓜泥中，一起搅拌成糊状即可。

【用法】先用温水洗净面部，再将面膜均匀地涂抹在脸上，15分钟后，洗净脸部即可。

【功效】这款木瓜面膜不仅具有促进血液循环，让脸部有弹性的功效，还能抑制细菌，消炎，为皮肤提供深层保养，防止毛孔粗大。

### 2. 木瓜薄荷面膜

【组成】木瓜1块，薄荷适量。

【做法】第一步：将木瓜洗净、切块，薄荷洗净晾干，备用。第二步：将木瓜与薄荷倒入茶杯中，加开水浸泡，直到开水变凉为止。

【用法】用温水洗净面部和手腕内侧，先将少许面膜涂在手腕内侧做过敏测试，5分钟后，如无过敏现象，则可将面膜涂抹在面部，15分钟后，用温水洗净面部即可。

【功效】此面膜清凉、不油腻，不仅对眼袋、细纹、黑头、粉刺有很好的抑制效果，还能使肌肤变得柔软细嫩，延缓衰老。

### 3. 木瓜燕麦片面膜

【组成】燕麦片若干，木瓜适量，牛奶适量。

【做法】第一步：将燕麦片放入水中泡6～8小时；木瓜榨汁，加牛奶搅拌备用。第二步：燕麦片滤干后，倒入木瓜牛奶汁中搅拌均匀即可。

【用法】先用温水洗净面部，再将面膜均匀地涂抹在脸上，15分钟后，洗净面部即可。

【功效】此面膜具有改善粗糙肌肤，去除死皮，使肌肤光滑的功效。

# 苹果 全方位的天然美容保养品

苹果，又名苹婆等，是我国最主要的水果，同时也是世界上种植最广、产量最高的果品，是世界四大水果之一。其果实酸甜可口，营养丰富，有"每顿饭前吃一个苹果，就不用请医生"之美誉。

## 营养分析

苹果营养丰富，不但富含糖类，还含有蛋白质、脂肪及磷、铁、钾等矿物质，以及苹果酸、奎宁酸、柠檬酸、酒石酸、单宁酸、果胶、纤维素、B族维生素、维生素C、微量元素等。为此，苹果被科学家们称为"全方位的健康水果"。

## 美容原理

苹果不仅营养丰富，还是美容的圣品。它是低热量水果，其含有的苹果酸能分解体内的脂肪，可防止肥胖；它含有的营养成分多具有可溶性，易被人体吸收，可以使皮肤润滑柔嫩；苹果中含有的纤维素可以清除牙齿间的污垢，具有美白牙齿的功效；苹果富含的果胶，具有排毒养颜的功效；苹果富含的维生素具有去除皮肤雀斑、黑斑，保持皮肤细嫩红润的功效。

## 食用宜忌

苹果营养丰富，适合一般人群食用，尤其适合婴幼儿、中老年人，以及患有慢性胃炎、消化不良、气滞不通、便秘、慢性腹泻、神经性肠炎的人群食用。

患有溃疡性结肠炎、白细胞减少症、前列腺肥大、冠心病、心肌梗死、肾病、糖尿病的人不宜食用。

## 精挑细选

一看颜色。颜色很红的苹果往往水分少、不甜脆，而有丝纹的苹果较好。

二看苹果蒂。果蒂呈浅绿色的苹果较新鲜，而果蒂枯黄或者黑色则品质较差。

三按硬度。一般而言，容易按下去的苹果较甜，否则较酸。

四掂重量。同样大小的苹果，比较重的往往水分多。

五闻气味。如果有很清新的果香味，说明苹果没有被化学剂或者农药污染。

**内食方 >>**

### 1. 苹果饼

【组成】苹果1个，鸡蛋1个，面粉、白糖、水各适量。

【做法】第一步：苹果去皮，切丁放入盆中。第二步：加入鸡蛋、适量的水和面粉，搅拌均匀。第三步：电饼铛刷油预热，用小勺舀糊均匀地倒在电饼铛上，摊匀。第四步：一面煎至黄色，再煎另一面，两面均煎至黄色，出锅即可。

【用法】适量食用。

【功效】具有延缓衰老的功效。

### 2. 苹果炖草鱼

【组成】苹果2个，草鱼100克，瘦肉150克，红枣10克，生姜10克，盐8克，味精2克，胡椒粉少许，绍酒2克。

【做法】第一步：苹果去核、去皮，切成瓣，置于清水中。第二步：草鱼洗净后，砍成块；瘦肉切成大片；红枣泡洗；生姜去皮切片备用。第三步：烧锅下油，放入姜片、鱼块，煎至两面稍黄，再倒入绍酒，紧接着放入瘦肉片、红枣，最后加清汤，用中火炖。

第四步：炖至汤稍白后，加入苹果瓣，放入盐、味精、胡椒粉，再炖20分钟即可。

【用法】适量食用。

【功效】苹果炖草鱼具有使皮肤细腻、润滑、红润的功效。

### 3. 苹果生菜酸奶汁

【组成】苹果200克，生菜50克，柠檬15克，蜂蜜20克，酸奶150克。

【做法】第一步：苹果去皮、去核，切成小块备用。第二步：柠檬去皮，果肉切块；生菜洗净，切成片。第三步：把苹果块、生菜片、柠檬块放入榨汁机中榨汁。第四步：将滤净的蔬果汁倒入杯中，加入酸奶和蜂蜜调匀即可。

【用法】适量饮用。

【功效】此款果汁具有养颜祛斑、美容护肤的功效。

### 4. 苹果粥

【组成】白米1杯，苹果1个，蜂蜜4大匙，葡萄干2大匙，水适量。

【做法】第一步：将白米洗净沥干，苹果洗净后切片去籽备用。第二步：锅中加水 10 杯煮开，再放入白米和苹果，煮到滚沸时稍微搅拌，改中小火煮 40 分钟后，将葡萄干倒入粥中。第三步：等粥的温度冷却到 40℃以下时，将蜂蜜放入粥中，搅拌均匀即可。

【用法】适量食用。

【功效】此粥具有排毒养颜、生津润肺、开胃消食的功效。

### 5. 苹果里脊丝

【组成】苹果半个，里脊肉 70 克，香菜 20 克，柠檬 1 个，橄榄油 1 茶匙，淀粉少许，盐 1/4 茶匙。

【做法】第一步：将苹果洗净切丝，用柠檬水浸泡几分钟后捞起备用。第二步：将里脊肉切丝后加淀粉、盐拌匀，用沸水烫过后用冷开水立即冲凉沥干。第三步：加入苹果丝、香菜、橄榄油拌匀即可。

【用法】适量食用。

【功效】此菜具有去脂瘦脸的功效。

## 外用方 >>

### 1. 苹果西红柿面膜

【组成】苹果 260 克，西红柿 250 克。

【做法】第一步：将苹果去皮，捣成果泥备用。第二步：将西红柿捣烂。第三步：将二者搅拌成糊状即可。

【用法】先用温水清洗面部，然后将苹果西红柿面膜敷在面部，15~20 分钟后，用温水清洗面部即可。

【功效】这种面膜富含维生素 C，可阻止黑色素的沉积，具有祛除

实践篇 藏在水果里的美容方

面部黄褐斑和雀斑、延缓衰老、保持靓丽容颜的功效。

## 2. 苹果酸奶面膜

【组成】苹果 1 个，酸奶 2 匙，面粉 2 匙。

【做法】第一步：将苹果去皮切块，捣烂。第二步：将酸奶、面粉放入苹果泥中，搅匀即可。

【用法】先用温水清洗面部，然后将苹果酸奶面膜敷在面部，15~20 分钟后，用温水清洗面部即可。

【功效】隔天使用 1 次，可淡化面部雀斑，具有美容祛斑的功效。

## 3. 苹果蜂蜜汁

【组成】苹果 1 个，蜂蜜少许，清水适量。

【做法】第一步：锅中放入清水烧开。第二步：苹果切碎，熬制 10 分钟左右。第三步：熬好后放凉至体温温度，调入蜂蜜，搅拌均匀即可。

【用法】先用温水清洗面部，然后将苹果蜂蜜汁敷在面部，15~20 分钟后，用温水清洗面部即可。

【功效】此汁具有柔化干性皮肤，恢复皮肤光泽与弹性的功效。

## 4. 蜂蜜苹果泥

【组成】苹果 200 克，蜂蜜适量。

【做法】第一步：苹果洗净，上锅蒸熟。第二步：去皮后，将苹果切块，用料理棒打成苹果泥。第三步：在苹果泥中加入蜂蜜，搅拌均匀即可。

【用法】先用温水清洗面部，然后将蜂蜜苹果泥敷在面部，15~20 分钟后，用温水清洗面部即可。

【功效】此面膜富含维生素 C，具有美肤的功效。

# 山楂 具有美容效果的长寿果

山楂，又名山里果、山里红、胭脂果，是我国特有的水果。它质硬，果肉薄，味微酸涩。由于其具有保持骨骼和血中钙的恒定，预防动脉粥样硬化，使人延年益寿的功效，故被称为"长寿果"。

## 营养分析

山楂富含维生素C、胡萝卜素、维生素$B_2$、蛋白质等营养成分；还含有钙、铁及碳水化合物、山楂酸、果胶等。山楂中所含维生素C的量仅次于大枣、猕猴桃和沙棘，所含胡萝卜素的量仅次于杏，所含钙的量居水果之首。

## 美容原理

山楂可以降压、降脂、抗氧化，增强免疫力，清除胃肠道有害细菌等，还可预防肝癌。山楂还是养肝护肝的佳品，对脂肪肝有一定的辅助疗效。

山楂所含的维生素C、胡萝卜素等物质能阻断并减少自由基的生成，从而增强机体的免疫力，具有防衰老、抗癌的作用。女性多吃山楂能清除体内多余脂肪，达到美颜瘦身的功效。

## 食用宜忌

一般人群均可食用，尤其适合于消化不良者、心血管疾病患者、癌症患者、肠炎患者食用。但孕妇、儿童、胃酸分泌过多者、病后体虚及患牙病者不宜食用。

## 精挑细选

一看整体。好的山楂一般整齐端正，果实个头大且均匀，无皱缩。

二看颜色。好的山楂果皮颜色鲜艳，有光泽，无虫眼等，而皮色青暗、有破皮等现象的山楂则质量较差。

实践篇 藏在水果里的美容方

## 美容妙用

内食方 >>

### 1. 山楂饮

【组成】山楂 20 克，白砂糖 20 克，水适量。

【做法】第一步：将干山楂放入砂锅内，加适量清水煎汤，直到只剩下一杯水的量即可。第二步：去渣留汁，加白糖适量，即可饮用。

【用法】适量饮用。

【功效】具有降血脂之功效，且疗效显著，适合高脂血症患者食用。

### 2. 山楂麦芽饮

【组成】山楂 15 克，生麦芽 30 克，太子参 15 克，淡竹叶 10 克。

【做法】第一步：山楂、生麦芽、太子参、淡竹叶洗净备用。第二步：用水煮沸，浸泡 15 分钟即可。

【用法】代茶饮，随意饮用，但不可过量饮用。

【功效】具有益气清心、健脾消滞的功效。

### 3. 山楂葛根

【组成】山楂肉 40 克，葛根 40 克，陈皮 10 克，排骨 480 克，盐适量。

【做法】第一步：山楂肉、葛根、陈皮、排骨用水洗净备用。第二步：葛根去皮，切块，排骨斩块。第三步：将排骨放入锅中，注入水，然后用猛火煲至水开，放入山楂肉、葛根、陈皮，改用中火续煲 2 小时，最后加细盐调味即可。

【用法】适量食用。

【功效】此菜具有清热滋养、健胃助消化、活血化瘀、防治雀斑等功效。

### 4. 菊花茶山楂饮

【组成】核桃仁 125 克，山楂 60 克，菊花 12 克，水、白糖各适量。

【做法】第一步：把核桃仁磨成浆汁，加清水稀释调匀备用。第二步：山楂、菊花用水煎 2 次，合计 1000 毫升。第三步：把药汁同核桃仁浆汁倒入锅中，加白糖搅匀，烧至微沸即可。

【用法】适量饮用。

【功效】具有补肾健脑、平肝明目之功效。

### 5. 金银菊花山楂饮

【组成】金银花、菊花、山楂各 50 克，蜂蜜 2 大匙。

【做法】第一步：金银花、山楂、菊花洗净备用。第二步：金银花、山楂、菊花放入清水锅中烧开，再转小火煮约 30 分钟，滤入杯中待用。第三步：将蜂蜜放入茶汁中调匀，晾凉后即可。

【用法】适量饮用。

【功效】具有美容养颜之功效。

## 外用方 >>

### 1. 山楂牛奶面膜

【组成】牛奶 100 毫升，山楂 50 克。

【做法】将山楂捣烂如泥，加入牛奶，搅拌成糊状即可。

【用法】先用温水洗净面部，然后将面膜涂抹在面部，15 分钟后，用温水洗净面部即可。

【功效】具有防止皮肤干燥、老化，使皮肤光滑、湿润、细腻的功效。

实践篇 藏在水果里的美容方

## 2. 山楂山药面膜

【组成】新鲜山楂 10 克，山药适量，肉桂粉 5 克。

【做法】第一步：先将山楂洗净，捣成泥；将山药洗净去皮，捣成泥备用。第二步：将山楂泥与山药泥混合，放入肉桂粉，调成糊状即可。

【用法】先用温水洗净面部，然后将面膜涂抹在面部，15 分钟后，用温水洗净面部即可。

【功效】具有活化细胞，促进血液循环，美容养颜之功效。

# 西瓜 天然的美容圣果

西瓜，又叫水瓜、寒瓜、夏瓜，原产于非洲，在唐代被引入中国。其果实外皮光滑，一般呈绿色，有花纹，果瓤多汁，为红色或黄色（罕见白色），有"瓜中之王"的美誉。

## 营养分析

西瓜营养丰富，含有葡萄糖、苹果酸、果糖、精氨酸、番茄素及丰富的维生素C等营养物质。其中，西瓜所含水分是所有水果中最多的。

## 美容原理

西瓜是天然的美容圣果。西瓜汁富含的瓜氨酸、丙氨酸、谷氨酸、精氨酸、苹果酸、磷酸等具有激发皮肤生理活性、促进新陈代谢的功效；富含的糖类、维生素、矿物质等极易被人体吸收，能滋润面部皮肤，防晒、增白，减少皮肤皱纹。

## 食用宜忌

西瓜营养丰富，适合一般人群食用，尤其适合高血压患者、急慢性肾炎患者、胆囊炎患者、高热不退者食用。但西瓜性味寒凉，不可吃得过多，而寒湿盛者及胃病患者和感冒初愈者不要吃西瓜。

## 精挑细选

一看颜色。熟瓜瓜皮表面光滑、花纹清晰、纹路明显、底面发黄；而表面有茸毛、色泽暗淡、花斑和纹路不清者则为不熟的瓜；瓜柄呈绿色的是熟瓜，质量好。

二看形状。好的西瓜瓜体一般匀称，而瓜体畸形则质量不好。

三看大小。同一品种，大的比小的好。

四听声音。用手指弹瓜，如果听到"嘭嘭"声，则为好瓜；如果是"当当"声，则为未熟的瓜；如果是"噗噗"声，则为过熟的瓜。

# 美容妙用

内食方 >>

### 1. 西瓜汁

【组成】西瓜 200 克，柠檬半个，蜂蜜适量，冰块适量。

【做法】第一步：先将西瓜去皮、去籽，切成小块备用。第二步：将柠檬去皮，切成小块后，与蜂蜜、西瓜块和冰块一起打成西瓜汁。

【用法】适量饮用。

【功效】具有改善白头发、美容护肤的功效。

### 2. 西瓜皮汤

【组成】西瓜皮 250 克，花生油、盐、味精、酱油、淀粉、香油各适量。

【做法】第一步：将西瓜皮洗净，切丝备用。第二步：净锅上火，放入花生油，待油七成热时，将西瓜皮丝放入锅中翻炒至色变深，然后放入酱油、盐、味精，并加适量的水。第三步：煮沸 7 分钟后，再加入少许淀粉，起锅后滴香油数滴即可。

【用法】适量服用。

【功效】此汤具有利尿消肿、清热解暑、延缓衰老的功效。

## 3. 荸荠西瓜汁

【组成】西瓜1块，荸荠2只，椰汁200克，冰块3块。

【做法】第一步：西瓜去皮，切块；荸荠洗净削皮，切块备用。第二步：把西瓜块、荸荠块、冰块、椰汁放入搅拌机中搅拌。第三步：将瓜泥、椰汁倒入玻璃杯中，可立即饮用。

【用法】适量饮用。

【功效】此汁具有滋润肌肤、润肺止咳、清凉解渴、利尿、补中益气等功效。

## 4. 西瓜乌鸡汤

【组成】乌鸡1只，生姜1片，西瓜1个，水两碗，盐、料酒、油、酱油各少许。

【做法】第一步：将西瓜切成两半，取一半挖出瓜瓤，留少许红色，作为盛放食物的瓜盅。第二步：将乌鸡洗净，掏去内脏，加入盐、料酒、生姜、油、酱油，腌10分钟。第三步：把鸡肉和汤料一起倒入西瓜盅内，放两碗水，以没过鸡肉为准，上锅蒸60分钟即可。

【用法】适量食用。

【功效】此菜具有滋润皮肤的功效。

### 5. 西瓜盅

【组成】苹果、荔枝、西瓜、冰糖均适量。

【做法】第一步：西瓜切成两半，去内瓤，将边切成锯齿状；荔枝剥皮，去核；苹果去皮及核，切丁。第二步：冰糖水用大火滚开后晾凉。第三步：挑去西瓜内瓤瓜子，将西瓜瓤、苹果丁、荔枝分装于西瓜内，并倒入冰糖水。第四步：

套上保鲜膜，入冰箱冷藏30分钟以上即可。

【用法】适量食用。

【功效】具有清热解毒、美容养颜的功效。

## 外用方 >>

### 1. 西瓜牛奶面膜

【组成】西瓜1/5个，牛奶少许，面粉适量。

【做法】第一步：将西瓜取瓤，去籽，切块，放入榨汁机中榨汁。

第二步：加入牛奶和面粉，搅拌均匀即可。

【用法】先用温水清洗面部，然后将面膜涂匀整个面部，20分钟后用温水洗净，每周1~2次。

【功效】此面膜可使皮肤变白并收缩较粗的毛孔，具有美肤的功效。

### 2. 西瓜蜂蜜面膜

【组成】西瓜皮1片，蜂蜜适量。

【做法】用西瓜皮汁混合蜂蜜做成面膜。

【用法】先用温水清洗面部，然后将面膜涂匀整个面部，20分钟后用温水洗净，每周2~3次。

【功效】具有美肤的功效。

### 3. 西瓜蛋黄面膜

【组成】西瓜1片，蛋黄半个，面粉适量。

【做法】第一步：将西瓜肉捣碎，加入蛋黄拌匀。第二步：加入少许面粉，搅拌均匀，使其成膏状即可。

【用法】先用温水清洗面部，然后将面膜涂匀整个面部，10分钟后用温水洗净，每周2~3次。

【功效】西瓜清凉，蛋黄滋润效果好，两者配合制成补水面膜，保湿效果很好，经常使用可使皮肤光滑细嫩。

枇杷，古名芦橘，又名金丸、芦枝，原产中国东南部，因其叶子形状似琵琶乐器而得名。它是南方极为特殊的水果，秋日养蕾，冬季开花，春来结子，夏初成熟，承四时雨露，为"果中独备四时气者"。因其果肉柔软多汁，味道鲜美，酸甜可口，被称为"果中之皇"，与樱桃、梅子并称为"三友"。

## 营养分析

枇杷的营养相当丰富，不仅含有糖类、蛋白质、脂肪、纤维素、果胶、胡萝卜素、鞣质、苹果酸、柠檬酸，还含有钾、磷、铁、钙以及维生素 A、维生素 B、维生素 C 等。其中，胡萝卜素的含量最为丰富，在水果中高居第三位。

## 美容原理

枇杷具有重要的医疗价值，其叶、果和核都含有扁桃苷，具有润肺止咳、促进消化、预防感冒、防止呕吐等功效。此外，枇杷中富含维生素 B，对保护视力、保持皮肤健康润泽有着十分重要的作用。其富含的粗纤维及矿物质，是减肥的佳品。

## 食用宜忌

枇杷营养丰富，适合一般人群食用。但糖尿病患者不能吃枇杷，脾虚泄泻者也尽量不要吃枇杷。

未成熟的枇杷不能食用。吃枇杷时不要吃枇杷仁，因为枇杷仁中含有的氢氰酸有毒；吃海鲜与富含蛋白质的食物时不要吃枇杷，因为枇杷中含有的果酸会与二者中所含的钙结合发生沉淀，易形成结石。

## 精挑细选

一看枇杷表面。一般而言，好的枇杷表面会有一层茸毛和浅的果粉。如果茸毛完整、果粉保存完好，说明枇杷含有的维生素C较高，味道新鲜。

二看枇杷颜色。颜色越深，说明枇杷越成熟，口感也越好；如果颜色呈淡黄色且发青，果肉硬，果皮不容易剥开，则说明不新鲜或者不成熟。

三看枇杷肉。市面上的枇杷一般有两种：红肉枇杷与白肉枇杷。红肉枇杷果实较小，肉质较粗，口味浓郁，果皮厚，易贮藏。而白肉枇杷则果皮薄，肉质细嫩，味道鲜美，不易贮藏。

实践篇 藏在水果里的美容方

## 美容妙用

**内食方 >>**

### 1. 枇杷桑叶菊花粥

【组成】枇杷叶 15 克，桑叶 10 克，菊花 10 克，粳米 60 克，冰糖适量，水适量。

【做法】第一步：将枇杷、桑叶、菊花用布包好，加 2000 毫升水煎煮成 1000 毫升。第二步：加入粳米煮成粥，再加冰糖调味即可。

【用法】适量食用。

【功效】此粥具有清肺热之功效。中医讲"肺主皮毛"，因此清肺热可抑制皮肤皮脂腺分泌过度旺盛，减少额头、鼻头粉刺的产生。

### 2. 枇杷薏米粥

【组成】薏米 100 克，鲜枇杷果 60 克，鲜枇杷叶 10 克。

【做法】第一步：将枇杷果洗净，去核，切成小块。第二步：将枇杷叶洗净，切成碎片，放进锅中，加适量的清水，煮沸 10 分钟后，除去叶渣，放入薏米煮。第三步：薏米熟烂时，放入枇杷果，拌匀

煮熟即可。

【用法】可当早餐食用。

【功效】此粥具有清肺散热之功效，适用于治疗肺热所致的粉刺。

### 3. 冰糖枇杷

【组成】冰糖 250 克，枇杷 1000 克，红樱桃 15 克，青豆 25 克。

【做法】第一步：将枇杷去皮、核及内筋，放入清水内浸泡，随后捞出，再放入开水锅内汆一下，然后浸泡在冷水中。第二步：将 1000 克水、冰糖先后放入锅中，冰糖溶化后过筛，再将糖水和枇杷倒入锅中，烧开后装入汤盅内，撒上红樱桃和青豆即可。

【用法】适量食用。

【功效】具有抗癌防癌、美容护肤、提高机体抵抗力的功效。

### 4. 枇杷汁

【组成】枇杷 1000 克，蜂蜜 200 克。

【做法】第一步：将枇杷去皮及核，放入搅拌机中打碎备用。第二步：将枇杷汁与蜂蜜放入锅中熬煮成浓汁即可。

【用法】适量饮用。

【功效】具有滋润肌肤之功效。

### 5. 枇杷滋润露

【组成】枇杷4个，桃子2个，柠檬汁3小匙，白砂糖少许。

【做法】第一步：将枇杷和桃子去皮及核，切成小块，放入搅拌机中打碎备用。第二步：将枇杷桃子汁与白砂糖、柠檬汁放入锅中熬煮成浓汁即可。

【用法】适量饮用。

【功效】具有滋润肌肤之功效。

**外用方 >>**

### 1. 蜂蜜枇杷膏

【组成】鲜枇杷、蜂蜜各适量。

【做法】将枇杷去皮及核，放入搅拌机中打碎备用；将枇杷汁与蜂蜜混合，搅拌均匀即可。

【用法】用温水洗净面部，将蜂蜜枇杷膏涂匀整个面部，20分钟后，用温水洗净面部即可。

【功效】具有滋润肌肤的功效，常用能使肌肤润泽、细腻。

### 2. 枇杷汁

【组成】新鲜枇杷适量。

实践篇 藏在水果里的美容方

【做法】将枇杷去皮及核，放入榨汁机中榨汁，倒入杯中即可。

【用法】用温水洗净面部，再用棉签蘸取枇杷汁，涂抹在面部的斑点处，10分钟后用温水洗净面部即可。

【功效】具有淡化斑点、保护肌肤的功效。

### 3. 枇杷叶膏

【组成】鲜枇杷叶1000克，蜂蜜适量。

【做法】第一步：将枇杷叶洗净，加入8000毫升清水，用大火煎煮3小时。第二步：过滤去渣，再浓缩成膏，加入适量的蜂蜜，搅拌均匀即可。

【用法】用温水洗净面部，将枇杷叶膏均匀地涂抹于面部，15分钟后，用温水洗净面部即可。

【功效】具有清热解毒的功效，适用于痤疮、酒糟鼻等症状的治疗。

# 石榴 美容圣品

石榴，别名安石榴、金罂、金庞、钟石榴、天浆、甘石榴等，其果实如一颗颗红色的宝石，果粒酸甜可口，是人们喜爱的水果。

## 营养分析

石榴富含多种人体所需的营养成分，如维生素C及B族维生素、有机酸、糖类、蛋白质、脂肪，以及钙、磷、钾等矿物质。脂肪、蛋白质的含量较少。

其中，石榴中维生素C含量比柑橘、香蕉、木瓜、番茄、西瓜、凤梨都高，铁、钙、磷含量也较高，种子中铁的含量也比其他水果高。

## 美容原理

石榴是美容佳品之一。它所含的维生素K和维生素C、钾、铜、锌、铁、亚麻油酸和叶酸等具有抗细胞老化，补充肌肤水分，恢复皮肤光泽的功效；其所含的花青素具有消炎、预防粉刺的作用；所含的鞣花酸能抑制胶原蛋白的分解，使皮肤细腻丰满，减少皱纹产生。

## 食用宜忌

一般人群均可食用，尤其适合口干舌燥、腹泻、扁桃体发炎等疾病患者食用。

便秘、尿道炎、糖尿病、实热积滞疾病患者不宜食用。

## 精挑细选

一看形状。一般而言，外形方方正正的石榴最好，圆的石榴口感相对较差。

二看颜色。石榴有红、黄、绿三种颜色，建议选择黄色石榴，其味道较为甜美。

三看果皮。表皮紧绷的石榴为新鲜的，而表皮松弛的石榴则不新鲜。

四看色泽。新鲜的石榴表皮光滑、色泽鲜艳，而不新鲜的石榴表皮带有黑斑。

# 美容妙用

**内食方 >>**

### 1. 香蕉石榴奶昔

【组成】石榴粒200克，香蕉半根，薄荷叶10克，牛奶、酸奶各适量。

【做法】第一步：将石榴粒洗净，放入榨汁机榨汁，倒进杯子备用。第二步：将香蕉去皮，与薄荷叶和牛奶放进榨汁机打成黏稠状；加入酸奶和石榴汁，搅打起泡呈凝固状态，倒入杯子里，放到冰箱中冷冻成型即可。

【用法】适量食用。

【功效】具有美容养颜之功效。

### 2. 石榴汤

【组成】石榴粒150克，豌豆50克，洋葱、黄油、清鸡汤、淡奶油各适量。

【做法】第一步：将石榴粒榨成汁备用。第二步：在锅中放入黄油、洋葱碎末，炒香后放入豌豆，再放入清鸡汤将豆煮熟，倒进榨汁机打成浆状备用。第三步：将浆状混合物和石榴汁倒进锅里，熬制成浓汤，盛进碗里，浇点淡奶油即可。

【用法】适量饮用。

【功效】具有护肤之功效。

### 3. 鳕鱼扇贝石榴汁

【组成】石榴粒50克，鳕鱼80克，扇贝1个，洋葱20克，干藏红花、油、盐、胡椒、白葡萄酒、奶油、糖各适量。

【做法】第一步：将鳕鱼洗净切成两块，抹上盐，撒上胡椒；扇贝去内脏，取肉，洗净；洋葱切片备用。第二步：在锅中放少许油烧热，放入洋葱片、干藏红花后，倒进白葡萄酒，煮至汤汁见干时，放入奶油调味，即成藏红花汁，

盛出备用。第三步：起锅放入糖和白水，当水减少约一半的时候，放入石榴粒熬煮，10分钟后，关火，滤取汁液，放入碗中备用。第四步：将藏红花汁和石榴汁混合。第五步：在锅中放油烧热，将鳕鱼和扇贝煎好放盘，食用时浇上两种汁的混合液即可。

【用法】适量食用。

【功效】具有美容、抗衰老之功效。

### 4. 石榴酥皮水果

【组成】石榴粒100克，面皮2片，草莓、红莓、蓝莓、糖各适量。

【做法】第一步：将面皮放进烤箱烤熟，取出，切成长方形，并在中间挖一个洞，装盘。第二步：将石榴粒和糖放入锅中，加少许水，煮沸。第三步：将切成丁的各色水果装进起酥饼洞里，再浇上石榴糖水即可。

【用法】适量食用。

【功效】具有美容养颜的功效。

## 外用方 >>

### 1. 石榴蜂蜜面膜

【组成】石榴1个，蜂蜜1大匙，鸡蛋清1个。

【做法】将石榴去皮，小心取出石榴果粒，放入榨汁机中榨汁，与蜂蜜、蛋清一同倒入面膜碗中，充分搅拌，调匀，将面膜纸浸入混合液中，待用。

【用法】用温水清洁脸部后，先用热毛巾敷面5分钟，取出浸泡好的面膜均匀地涂敷在面部，15分钟后，由下往上轻轻揭下本面膜，以清水洗净面部即可，每周2~3次。

【功效】石榴蜂蜜面膜可补充肌肤所需的水分与营养，起到滋润肌肤的功效，适用于不同肤质的人群。

### 2. 石榴酸奶面膜

【组成】石榴果粒20颗，酸奶20克。

【做法】将石榴粒压出汁液，与酸奶混合，搅拌均匀即可。

【用法】用温水清洁脸部，将面膜均匀涂于面部，20分钟后，用清水洗净面部即可。

【功效】具有抗氧化和收敛肌肤之功效。

# 橙子 浑身是宝的美容佳品

橙子，原产于中国东南部，是芸香科乔木植物香橙的成熟果实，又称为甜橙、黄果、柑子、金环、柳丁。橙子是橘子和柚子的杂交品种，其果实在秋季采摘。橙子可以鲜食果肉，也可以榨汁饮用。

## 营养分析

橙子富含维生素C、钙、磷、钾、β–胡萝卜素、柠檬酸、橙皮甙以及醛、醇、烯等营养成分，

橙子所含的维生素C，既能增加机体抵抗力，又能增强毛细血管的弹性，甚至可以降低血中胆固醇含量。一个中等大小的橙子可以满足一个人一天所需维生素C的量。

橙皮性味甘苦而温，具有止咳化痰的功效，可治疗感冒咳嗽、食欲不振、胸腹胀痛。食用橙子或饮橙汁，可以解油腻、消积食、止渴、醒酒。

## 美容原理

由于橙子富含维生素 C 和胡萝卜素，可减少皮肤黑色素沉着，从而减少黑斑和雀斑产生。

在所有水果中，橙子所含的抗氧化物质最高，其中包括 60 多种黄酮类和 17 种类胡萝卜素。黄酮类物质具有消炎、强化血管和抑制凝血的作用。类胡萝卜素具有很强的抗氧化功效。这些成分使橙子可以抑制多种癌症的发生。

## 食用宜忌

橙子可降低血液中胆固醇含量，因此，高脂血症、高血压、动脉硬化者常食橙子有益。同时，橙子能够化痰、润肺、止咳，咳嗽哮喘病人也非常适合食用橙子。

食用橙子也有禁忌，因为橙子所含的有机酸会刺激胃黏膜，对胃不利，所以在饭前或空腹时不宜食用橙子。另外，吃橙子前后 1 小时内不要喝牛奶，因为牛

奶中的蛋白质遇到果酸会凝固，影响消化吸收。

## 精挑细选

一观色泽。新鲜的橙子颜色鲜亮，并且颜色深的维生素含量和甜度比较高。但是，有些橙子是经过人工染色的，可用纸巾擦拭橙子表面，人工染色的橙子一擦就会褪色。

二摸表皮。优质的橙子表皮毛孔较多，摸起来手感比较粗糙；而劣质的橙子表皮皮孔较少，摸起来手感比较光滑。

三捏橙皮。皮比较薄的橙子水分较多，捏起来有弹性；而表皮较硬的橙子则口感不佳。

## 美容妙用

内食方 >>

### 1. 盐味橙汁

【组成】橙子2~3个，食用盐少许。

【做法】把橙子去皮，放入榨汁机内榨汁，倒入杯内，加入适量的盐。

【用法】及时饮用。

【功效】橙汁中富含果糖，能迅速补充体力。加点儿盐，饮用效果更佳。

### 2. 糖渍橙皮

【组成】橙子2个，冰糖150克，水100克，白砂糖50克。

【做法】橙子洗净，剥下橙子皮，去除橙皮内部的白瓤，将橙皮切丝，在沸水中煮10分钟，将橙皮丝捞出备用。锅内加水和冰糖，小火慢慢加热，一边加热一边搅拌至冰糖溶化，再倒入煮好的橙皮丝，小火煮制汤汁浓稠，橙皮呈半透明状态后关火。将煮好的橙皮丝放入白砂糖中蘸满糖粒即可。

【用法】佐餐。

【功效】具有祛火、催眠之功效。

如果用橙皮丝按摩面部皮肤，还有去除肌肤死皮的作用。

### 3. 橙籽粉

【组成】橙籽适量。

【做法】将橙籽风干，放入锅中焙炒，焙炒时注意不要炒焦，但尽量将油分炒干。将炒好的橙籽磨成粉末。

【用法】用开水冲服，每次3~5克，饭后饮用。

【功效】具有治疗风湿的功效。

外用方 >>

### 1. 橙籽面膜

【组成】橙籽2茶匙，蒸馏水适量。

【做法】将橙籽用搅拌机打成粉末，混合蒸馏水制成糊状面膜。

【用法】每周敷1~2次。皮肤敏感的人可先做皮肤测试，将制好的面膜涂于耳后，5~10分钟后洗净，若没有不适感便可放心使用。

【功效】提高皮肤毛细血管的抵抗力，达到紧致肌肤的目的。

### 2. 橙瓣眼膜

【组成】橙子1个。

【做法】将橙子对半切开，橙瓣切成薄片。

【用法】把薄薄的橙瓣片贴敷于眼部周围，用手指轻轻地按压，以助吸收。

【功效】促进血液循环，有效补充眼部水分，起到长时间滋润眼周肌肤的作用。

### 3. 橙皮磨砂

【组成】橙子 1~2 个。

【做法】将鲜橙带皮切片，放入纱布中，包裹好。

【用法】直接在手肘、膝盖、足跟等皮肤粗糙的部位摩擦。

【功效】橙子富含类黄酮和维生素 C，能促进皮肤新陈代谢，提高皮肤毛细血管的抵抗力。

### 4. 橙皮沐浴

【组成】橙子 2~3 个。

【做法】取橙子皮，洗净，放入锅内，熬成橙皮汤。

【用法】洗澡的时候加入适量熬好的橙皮汤。

【功效】可以保持皮肤润泽、柔嫩，特别适合在干燥的秋季使用。

实践篇　藏在水果里的美容方

# 大枣 维生素王

大枣，又叫红枣、枣子，自古以来就被列为"五果"（桃、李、梅、杏、枣）之一，在中国种植历史悠久。按产地不同，大枣有南枣和北枣之分；按干湿不同，大枣有干品和鲜品之别。较为有名的大枣品种有冬枣、梨枣、金丝枣等。

## 营养分析

大枣富含蛋白质、脂肪、糖类、胡萝卜素、B族维生素、维生素C、维生素P以及钙、磷、铁和环磷酸腺苷等营养成分。其中，维生素C的含量在果品中名列前茅，有"维生素王"之美称。

## 美容原理

有一句古话说得好："一日三枣，红颜不老。"大枣的美容效果甚佳，其所含的维生素C、维生素P和环磷酸腺苷，能促进

血液循环和皮肤细胞代谢，防止色素沉着，使皮肤白皙细腻，达到美白祛斑、护肤美颜的功效。

《本草备要》中提到大枣有"补中益气、悦颜色"的功效。中医认为，大枣对营养不良、气血不足引起的面容枯槁、肌肤晦暗以及气血不足等症有良好的治疗作用。

现代药理研究表明，大枣中的铁和钙等矿物质有改善白细胞造血功能、防治贫血等作用，可使肤色红润。

## 食用宜忌

大枣具有补脾、养血的功效，贫血、脾胃虚寒的人可以多吃。青少年和女性容易发生贫血，大枣有十分理想的食疗作用，其产生的效果通常是药物不能比拟的。补充维生素（特别是维生素C）最好吃鲜枣，补脾可以配伍干姜、白术等煎水服用。

大枣中糖分含量较高，糖尿病患者不宜食用，否则易引起血糖升高，使病情恶化。月经期间出现眼肿或者脚肿的女性不适合食用大枣，否则易加重病情；体质燥热的女性也不适合食用大枣，否则可能导致月经增多。

另外，红枣虽然可经常食用，但不可过量，否则有损消化功能，引发便秘。

## 精挑细选

一看枣的表皮颜色。好的大枣皮色呈紫红或深红色，颗粒大小均匀，果形短壮圆整，肉质厚而细实。如果果皮颜色泛绿，果形不规则，这样的枣多为劣质枣或未成熟的枣。

二看枣的蒂端。如果大枣的蒂端有红色或深红色的圈眼，说明受太阳光线的照射比较充足，这种枣味道较甜；如果大枣的蒂端颜色较浅，并且有明显的红绿交界线，说明这种枣不是自然成熟的。

三尝枣的味道。尽量挑选八成熟的枣品尝，如口感松脆香甜，可判定为较好的品种；如果不甜且涩口，可判定为生枣；如果口感发苦且坚韧而不脆，同时缺少水分或有绵软感的枣为次品。

# 美容妙用

内食方 >>

### 1. 大枣生姜美容茶

【组成】大枣250克，生姜500克，沉香、丁香各25克，茴香200克，盐30克，甘草150克。

【做法】所有材料共捣为末，和匀备用。

【用法】每次15～25克，清晨煎服或泡水代茶饮。

【功效】此茶具有补脾养血、安神解郁、消除皱纹之功效，久服令人容颜白嫩、皮肤细滑、皱纹减少。

### 2. 西洋参大枣粥

【组成】西洋参3克，大枣10枚，粟米100克。

【做法】先将西洋参洗净，置清水中浸泡一夜，切碎；大枣洗净。将西洋参、大枣、粟米及浸泡西洋参的清水一起倒入砂锅内，再加入清水，小火熬60分钟即可。

【用法】每日1次，早晨食用。

【功效】久食本粥可使身体变得强壮，皮肤变得细腻红润，适用于四肢无力、气虚体弱、面色苍白无光泽的人群。

### 3. 大枣香菇汤

【组成】干香菇20只，大枣8枚，料酒、精盐、味精、姜片、花生油各适量。

【做法】将干香菇先用温水泡发至软，再用水洗净；将大枣洗净，去核。在炖盅中加入适量清水，再放入香菇、大枣、精盐、味精、料酒、姜片、花生油，盖上盅盖，上笼蒸1小时左右，出笼即可。

【用法】佐餐。

【功效】具有美容养颜、抗衰老之功效。

### 4. 大枣花生炖猪蹄

【组成】大枣100克，花生米（带红衣）100克，猪蹄4只，料酒25毫升，酱油60毫升，砂糖30克，葱段30克，鲜姜15克，八角、花椒、小茴香、味精、精盐各适量。

【做法】第一步：将大枣和花生米洗净，用清水浸泡备用。第二步：把猪蹄洗净，放锅中，加水适量，煮四成熟捞出，加入酱油拌匀。第三步：锅内加入适量油，旺火烧七成热，将猪蹄倒入，炸至金黄色捞出，放砂锅内，加入清水，将猪蹄淹没，烧沸后，加入大枣、花生米及上述各种调料，继续用小火烧至猪蹄烂熟即可。

【用法】每天吃1个猪蹄，并同时吃适量大枣和花生米，分4天吃完。

【功效】具有养颜美容、防止和减少面部皱纹、保持皮肤弹性，以及养血安神、补中益气的作用。

### 5. 百合红枣粥

【组成】江米300克，百合9克，红枣10枚，白糖适量。

【做法】第一步：将百合浸泡于水中，去除苦味，捞出沥水；红枣泡软，洗净。第二步：将江米（洗净）、百合、红枣放入锅中，加入清水，大火煮沸后用小火煮，直到熬成粥，加入少量白糖即可。

【用法】适量食用。

【功效】具有清热安神、养心补血之功效。

**外用方 >>**

### 1. 红枣枸杞面膜

【组成】红枣5枚，枸杞若干，

实践篇 藏在水果里的美容方

人参 2 小片，蜂蜜 5 勺。

【做法】将红枣、枸杞、人参磨成粉末，用蜂蜜调和，可适量加入纯净水，搅匀即可。

【用法】先用温水清洗面部，再将面膜涂抹在面部，避开眼周及嘴唇部位，15 分钟后，用温水洗净面部即可。

【功效】此款面膜具有帮助肌肤排毒，令肌肤红润有光泽的功效。

## 2. 红枣酸奶面膜

【组成】红枣 5 枚，酸奶适量。

【做法】把红枣去核，捣成泥状，加入适量酸奶调匀即可。

【用法】先用温水清洗面部，再将面膜均匀地涂抹在面部，15~20

分钟后，用温水洗净面部即可。

【功效】此款面膜不仅有嫩肤的功效，还具有抗氧化和保湿的作用。

## 3. 红枣蜂蜜膏

【组成】红枣若干，蜂蜜适量。

【做法】将红枣洗净，压制成泥，加入适量的蜂蜜和清水，调和均匀即可。

【用法】先用温水清洗面部，再将面膜均匀地涂抹在面部，15~20 分钟后，用温水洗净面部即可。

【功效】具有激活细胞活力，加速面部皮肤新陈代谢，养护容颜之功效。

## 无花果 美容界的圣果

无花果，又被称为文仙果、密果、天生子、奶浆果等，是人类最早栽培的果树树种之一。无花果是一种稀有水果，在我国湖南、江苏、四川等地有种植，其中新疆地区栽培的品种品质最佳。

无花果果实味道甘甜，除可以鲜食、药用外，还可以加工成果脯、果酱、果汁、果茶、罐头、饮料等。

无花果的花很小，并且隐藏在球形的花托内，在花托的顶端有一个小孔，以供昆虫进出传粉。如果不仔细观察，很难发现无花果的花朵，所以很多人误认为无花果不花而实，无花果也因此而得名。

### 营养分析

无花果富含人体所必需的8种氨基酸，其中天门冬氨酸含量最高，此种氨基酸不仅能够消除疲劳、恢复体力，还能预防白血病，具有很高的利用价值。

无花果成熟时果肉软烂，无核，味道甘甜，成熟果实的果汁和未成熟果实的乳浆都具有防癌抗癌、增强机体抵抗力的作用。因为成熟果实的果汁中含有一种名为苯甲醛的芳香物质，而未成熟果实的乳浆中含有佛柑内酯、补骨脂素等活性成分，这些均可抑制癌细胞生成，起到预防癌症的作用。

无花果还富含植物纤维，其中所含的果胶和半纤维素可抑制血糖上升，维持正常胆固醇含量。同时，这两种成分在吸水膨胀后能吸附排出肠道内各种有害物质，并能促进有益菌类在肠道内繁殖。

此外，无花果还含有蛋白酶、脂肪酶、柠檬酸、琥珀酸、奎宁酸等多种成分，可起到很好的食疗效果，还有利咽消肿、促进消化、润肠通便的功效。

## 美容原理

无花果没有硬大的种子，果肉香甜可口，老人和小孩都十分适合食用。虽然无花果含多糖，却是低热量水果，因为其所含蔗糖仅占 7.82%（干重）。所以，无花果是一种减肥保健水果。

无花果富含酶类，其中蛋白质分解酶含量最高，脂肪酶、淀粉酶等酶类的含量紧随其后，这些酶类具有很好的消化作用。

## 食用宜忌

一般人群都可食用无花果，尤其患有食欲不振、消化不良、便秘、高血脂、高血压、冠心病、动脉硬化的人群以及癌症患者颇为适宜。

但是，脑血管意外患者、脂肪肝患者、腹泻者、大便溏薄者不宜生食。

## 精挑细选

一看颜色。颜色较深的成熟，味道更甜。

二挑大小。要尽量挑选个儿大的，这样的无花果果肉饱满，水分充足。

三捏表皮。轻轻地捏一下果实表面，质地柔软的质量较好。

四观尾部。尾部开口较小的无花果质量较好，而尾部开口较大的无花果难免会沾染到空气中的灰尘和细菌，尽量不要选购。

## 美容妙用

**内食方 >>**

### 1. 无花果炖猪肺

【组成】猪肺 150 克, 无花果 ( 干品 ) 5 个, 陈皮 2 克, 冰糖 8 克, 盐少许, 生姜片、米酒各适量。

【做法】第一步: 将无花果洗净, 用水浸泡; 猪肺洗净, 切块备用。第二步: 锅中加入适量水和生姜片烧开, 滴几滴米酒, 再放入猪肺, 焯水去腥味, 将猪肺捞出, 用水冲洗干净, 再用冷水浸泡。将浸泡的猪肺捞起, 滤去水, 放入炖盅内, 加入陈皮、冰糖和浸泡好的无花果, 浸泡无花果的水也一起倒入。第三步: 将炖盅放入加有水的锅内, 盖上炖盅盖及蒸锅或是煮锅的外盖, 隔水炖 1~2 个小时, 出锅前放少许盐调味即可。

【用法】趁热食用。

【功效】补气养血。

### 2. 无花果炖牛肉

【组成】无花果 ( 干品 ) 80 克, 牛肉 200 克, 生姜 2 片, 食盐适量。

【做法】第一步: 将无花果洗净, 用水浸泡; 牛肉洗净, 切块。第二步: 将无花果、牛肉与生姜一起放进炖盅内, 加入凉开水 1250 毫升, 加盖隔水炖 3 小时, 最后调入适量食盐即可。

实践篇 藏在水果里的美容方

【用法】佐餐。

【功效】此菜肴具有祛斑美容之功效。

### 3. 百合无花果汤

【组成】百合4茶匙，鲜无花果5个，蟠桃4个，苹果1个。

【做法】第一步：将百合冲洗干净，无花果、蟠桃对切，苹果切块备用。第二步：将百合、无花果、蟠桃、苹果放入锅中，加6杯水，用大火烧沸，再转文火煲30分钟即可。

【用法】放在冰箱里冷藏后饮用。

【功效】此汤具有清心养颜之功效。

### 4. 无花果煲生地汤

【组成】鲜无花果3个，生地50克，鲜土茯苓150克，鲜猪瘦肉100克，食盐、味精各适量。

【做法】第一步：将土茯苓洗净，刮去表皮，切成片状；将无花果、生地洗净，切片；将猪瘦肉洗净，切小块备用。第二步：将茯苓、无花果、生地、猪瘦肉放入锅中，注入适量清水，先用大火烧开，再用中火煲1.5小时，加入适量的食盐、味精调味即可。

【用法】适量食用。

【功效】具有润肺、养颜之功效。

### 5. 无花果花生猪肚汤

【组成】干无花果 60 克，花生 50 克，猪肚 1 个，食盐、酱油、生姜各适量。

【做法】第一步：将无花果和花生洗净，浸泡片刻，捞出，沥水备用。第二步：猪肚用清水洗净，切成条状。第三步：将猪肚、无花果、花生放入锅中，再放入生姜，注入清水，大火煮沸后以小火继续煮 2 个小时，加入少量食盐、酱油即可。

【用法】适量食用。

【功效】具有健胃润肠之功效。

### 外用方 >>

### 1. 无花果蜂蜜汁

【组成】鲜无花果 6 个，蜂蜜 15 克。

【做法】将无花果洗净，备用；在锅中加入 1 000 克水,待煮沸后，放入无花果煮 10 分钟，最后加入蜂蜜调匀即可。

【用法】先用温水洗净面部，再用棉花签蘸取无花果蜂蜜汁，涂抹于面部，15 分钟后，用温水洗净面部即可。

【功效】具有润肠通便、美容养颜之功效。

### 2. 无花果蛋清膏

【组成】无花果 1 个，鲜鸡蛋 1 个，面粉少许。

【做法】将无花果洗净，捣碎成泥，加入蛋清和面粉，搅拌均匀即可。

【用法】先用温水洗净面部，再将无花果蛋清膏均匀地涂抹于面部，15 分钟后，用温水洗净面部即可。

【功效】具有滋养肌肤之功效。

### 3. 双果汁

【组成】无花果 1 个，苹果 1 个。

【做法】将无花果与苹果洗净，分别放入榨汁机中榨汁，然后按照 1:1 的比例混合。

【用法】先用温水洗净面部，再将双果汁均匀地涂抹于面部，15 分钟后，用温水洗净面部，每天 1~2 次即可。

【功效】此面膜具有滋润肌肤、淡化皱纹、恢复肌肤弹性之功效。

实践篇 藏在水果里的美容方

# 香蕉 瘦身美容之冠

香蕉，又名蕉子、蕉果，是一种盛产于热带、亚热带地区的水果，在古代被称为甘蕉。成熟的香蕉表皮为金黄色，肉质软滑，香甜可口。许多人认为，吃香蕉可以解除烦恼，所以，人们又称它为"快乐之果"。

## 营养分析

香蕉是低水分、高热量的水果，它富含蛋白质、糖、钾、维生素A和维生素C、膳食纤维等，营养价值较高。

## 美容原理

香蕉不但富含食物纤维，而且所含的热量很低，不含胆固醇，因此，它既能供给人体各种营养素，又不会使人发胖，是减肥的最佳水果。

香蕉所含的维生素A可有效维护皮肤、毛发的健康，令皮肤光滑细腻。常吃香蕉还对大脑有益，可缓解神经疲劳。

此外，香蕉还有润肠通便、防止便秘以及润肺止咳、清热解毒的作用。

医学研究发现，香蕉中含有较多的钾离子，而钾离子有降低血压、抵制钠离子损坏血管的功效，所以常吃香蕉可以预防高血压和中风，起到降压、保护血管的作用。

科学家发现，香蕉含有泛酸等营养物质，常食香蕉，可减轻心理压力，解除烦恼，所以人们又将香蕉称之为"快乐水果"。

## 食用宜忌

香蕉性寒，从中医"热者寒之"的医理分析，它最适合燥热人士食用。因此，对于因燥热而致胎动不安和痔疮出血者，都可生吃香蕉。

香蕉可清热润肠，促进肠胃蠕动，所以体质虚寒和脾虚泄泻者则不宜食用。有胃寒、虚寒、肾炎等症以及怀孕期脚肿者也不宜生吃香蕉。

## 精挑细选

一观颜色。成熟的香蕉一般

呈金黄色，而青绿色的香蕉没有熟透。

　　二闻气味。由于储存和长途运输的需要，香蕉一般在七成熟后采摘，运到零售商处，在储藏室中进行低温处理，放置8~10天，就会自然成熟。但是，有些零售商急于出售，就会采取乙烯催熟的方法。一般来说，自然成熟的香蕉能闻到一种果香味，而催熟的香蕉不仅没有果香味，甚至还有一股异味。此外，如果是催熟的香蕉，很容易变黑，发生腐烂。

　　三触摸手感。拿起香蕉掂一掂，好的香蕉手感比较厚实而不硬，成熟程度刚好。太硬，表明还没完全成熟；太软，表明香蕉已经不新鲜了。如果发现香蕉柄即将脱落或者已经脱落，表明这串香蕉已经成熟比较久了。

实践篇　藏在水果里的美容方

111

## 美容妙用

内食方 >>

### 1. 香蕉百合银耳汤

【组成】干银耳15克，鲜百合120克，香蕉2根，枸杞5克，冰糖100克，水3杯。

【做法】第一步：将干银耳用水泡发1小时左右，洗净后撕成小朵，加水4杯，入蒸笼蒸20~30分钟，取出备用。第二步：新鲜百合洗净；香蕉洗净去皮，切为0.3厘米小片备用。第三步：将所有材料放入炖盅中，加适量水，入蒸笼蒸半个小时即可。

【用法】直接饮用或冷藏后饮用。

【功效】此汤具有养阴润肺、生津整肠、美容养颜之功效。

## 2. 香蕉奶酪

【组成】面粉 40 克，香蕉半根，鸡蛋 1 个，奶酪 20 克，白糖 10 克，植物油 1 勺。

【做法】第一步：先将面粉、白糖、鸡蛋液放在一起，搅拌均匀，再放入切碎的香蕉粒和奶酪，搅拌均匀。第二步：锅中放植物油，将混合液放进锅中煎，煎至两面金黄即可。

【用法】及时食用或佐餐。

【功效】具有滑肠、解郁、润肺之功效。

## 3. 香蕉鲜桃饮

【组成】香蕉半根，鲜桃1个，鲜奶100毫升，糖适量。

【做法】将香蕉去皮，并切成数段；将鲜桃洗净、削皮，并去核，切成小块。将切好的水果放进搅拌机内搅拌约40秒，将果汁倒入杯中，加入糖和鲜奶，搅拌均匀即可。

【用法】随食随取。

【功效】具有美白肌肤之功效。

## 4. 香蕉蜂蜜牛奶

【组成】香蕉半根，橙子半个，牛奶200克，蜂蜜适量。

【做法】第一步：将香蕉、橙子去皮，分别切成小块。第二步：将香蕉块、橙子块与蜂蜜放入搅拌机中搅拌，直至黏稠后，冲入牛奶，再搅拌几下即可。

【用法】适量饮用。

【功效】具有排毒养颜、滋养肌肤之功效。

### 5. 香蕉凤梨木瓜汁

【组成】香蕉半根，凤梨原汁
300 克，木瓜 100 克。

【做法】第一步：香蕉去皮，切
成小段。第二步：木瓜去皮、去籽，
切成小块。第三步：将香蕉块、
木瓜块和凤梨汁倒入果汁机中，
搅拌均匀即可。

【用法】每天喝 1 次，在两餐间
饮用。

【功效】可增加肠内有益菌群，
具有润肠通便、改善便秘、恢复
面色之功效。

### 外用方 >>

### 1. 香蕉柠檬面膜

【组成】香蕉 1 根，柠檬半个。

【做法】将香蕉和柠檬带皮榨汁
即可。

【用法】先用温水洗净面部，再
将面膜敷于脸上 10~15 分钟，然
后用清水洗净面部，每天敷 1 次。

【功效】具有滋养肌肤之功效。

### 2. 香蕉润肤橄榄油

【组成】香蕉半根，橄榄油 3 滴。

【做法】将香蕉连皮切片，打成泥状，加入橄榄油，调制成面膜。

【用法】先用温水洗净面部，再将面膜敷于面部，15分钟后，用温水洗净面部即可。

【功效】此面膜能深层滋润肌肤，较为适合干性皮肤的人群使用。

### 3. 香蕉滋润抗皱面膜

【组成】香蕉半根，鲜奶适量，蜂蜜1匙，薏苡仁粉2匙。

【做法】将香蕉连皮切段、捣碎，加入鲜奶、薏苡仁粉和蜂蜜，搅拌至糊状即可。

【用法】先用温水洗净面部，再将面膜敷于面部，5~10分钟后，用温水洗净面部即可。

【功效】此面膜可滋润皮肤，并抑制黑色素形成。

杏，又名杏果、杏实、杏子，原产于中国，是蔷薇科李属植物的成熟果实。其果皮颜色多为白色、黄色或黄红色，果实为圆、长圆或扁圆形，果肉为暗黄色，味甜多汁。

## 营养分析

杏果实营养丰富，含有多种有机成分和人体所需的维生素及无机盐类，是一种营养价值较高的水果。杏果可以生食，也可以用未熟果实加工成杏脯、杏干等。

杏仁富含蛋白质、脂肪、糖类、胡萝卜素、B族维生素、维生素C、维生素P以及钙、磷、铁等营养成分。其中，胡萝卜素的含量在果品中仅次于芒果，人们将杏仁称为"抗癌之果"。

杏仁分为甜杏仁及苦杏仁两种。我国南方产的杏仁属于甜杏仁（又名南杏仁），味道微甜、细腻，多用于食用，还可作为原料加入蛋糕和菜肴中，具有润肺、止咳、滑肠等功效，对干咳无痰、肺虚久咳等症有一定的缓解作用。北方产的杏仁则属于苦杏仁（又名北杏仁），带苦味，多作药用，并有小毒；具有润肺、平喘的功效，对于因伤风感冒引起的多痰、咳嗽、气喘等症状疗效显著。但苦杏仁一次服用不可过多，每次以不超过9克为宜。

## 美容原理

鲜杏味甜多汁，富含抗氧化物，如维生素E等，是一种能够增强人体免疫系统的水果。它有助于抵抗多种慢性疾病，并有延缓衰老的作用。

杏中富含的黄酮类物质具有护心的作用。心主血脉，其华在面，当心脏功能变强时，心气旺盛，心血充盈，则面部红润光泽。

杏仁富含脂肪油、蛋白质、维生素A、维生素E及矿物质，这些都是对容颜大有裨益的营养成分，它们能帮助肌肤抵抗氧化，抑制黄褐斑生成，使肌肤更加光滑细致；还能为毛发提供所需的营养，使头发乌黑光亮。

杏仁富含维生素C和多酚类成分。因此，食用杏仁不但能够

实践篇 藏在水果里的美容方

降低人体内胆固醇的含量，还能降低心脏病和很多慢性病的发病。

杏仁还富含纤维，可以消除饥饿感，这对控制饮食很有效。同时，纤维对内消化道和心脏健康十分有益。

## 食用宜忌

《随息居饮食谱》记载："杏，候熟后食之，润肺生津，以大而甜者胜。"由此可知，杏具有润肺定喘、生津止渴的功效，适合有久咳虚喘、口渴津少、食欲欠佳病症的人食用。

杏所含的黄酮类化合物和多酚类成分，有预防心脏病和减少心肌梗死的作用，所以，心脏病患者宜多食杏。

杏所含的钙、磷、铁和粗纤维含量很高，所以，缺铁性贫血症病人宜多食杏。

杏肉味酸、性热，有小毒。过食不仅容易激增胃里的酸液伤胃引起胃病，还易腐蚀牙齿诱发龋齿，甚至会落眉脱发、影响视力；孕妇、产妇及幼儿过食还易长疮生疖。所以，每天吃杏3~5枚较为适宜。

杏所含的果酸较多，果酸会使蛋白质凝固，影响蛋白质的消化吸收，所以，杏不要与牛奶、鸡蛋等富含蛋白质的食物同食。

中药典籍《本草纲目》中列举杏仁的三大功效：润肺，清积食，散滞。所以，正确食用杏仁，能够起到生津止渴、润肺定喘、滑肠通便、减少肠道癌的功效。虽然杏仁有许多的药用、食用价值，但不可以大量食用。杏仁含有毒物质氢氰酸（100克苦杏仁分解释放氢氰酸100~250毫克。氢氰酸致死剂量为60毫克。甜杏仁的氢氰酸含量约为苦杏仁的1/3），过量服用可致中毒。所以，食用前必须先在水中浸泡多次，并加热煮沸，减少以至消除其中的有毒物质。产妇、幼儿、实热体质的人和糖尿病患者，不宜吃杏仁。

## 精挑细选

一看成熟度。过生的杏甜度不够，过熟的杏果肉质酥软且缺乏水分，所以一般来说，应挑选果皮色黄泛红的，这样的杏成熟度适中。

二辨色、香、味。色泽光亮、有香味且果实大的杏味甜多汁，是比较好的杏。

## 美容妙用

### 内食方 >>

#### 1. 雪梨南北杏炖雪耳

【组成】雪梨2个，雪耳1克，南杏、北杏共1克，冰糖适量。

【做法】雪梨去皮及核，切成粒状备用；雪耳用水泡软，洗干净，撕成小片，备用；南北杏洗干净，备用。锅中放入适量的清水，水开后放入雪梨、南北杏及雪耳，慢火煲2小时，加入适量冰糖即可。

【用法】及时饮用或待凉放入冰箱冷藏饮用。

【功效】具有滋阴润肺、养胃生津、清热解毒、润肌养颜的功效。

#### 2. 粟面杏霜汤

【组成】粟米面500克，杏仁100克，盐60克。

【做法】将粟米面炒熟；杏仁去皮，炒熟，研成细末；盐炒熟后，研成末。将三者混合拌匀即可。

【用法】每日晨起空腹服用，用滚开水冲调 10~20 克。

【功效】具有润肺止咳、护发美容之功效。凡因肺而引起的咳嗽喘息，久成痼疾者，皆可辅食此汤。

### 3. 北杏燕窝汤

【组成】干燕窝 3~5 克，北杏片、冰糖各适量。

【做法】干燕窝放入大碗中，用冷纯净水浸泡 4~6 小时，洗净，捞出沥水；放入炖盅，加入适量纯净水，隔水文火炖煮 15~30 分钟。北杏片放入滚水中煮 5 分钟，捞出，待凉去除外皮。锅中放入冰糖和 3 杯水，煮成糖水，加入北杏片，倒入炖盅中，以小火炖煮 3~4 小时至软烂即可。

【用法】及时饮用。

【功效】美容瘦身。

### 4. 杏炖猪肺汤

【组成】猪肺 1 个，南杏、北杏各 20 克，芥菜 500 克，生姜 4 片，盐、味精各适量。

【做法】将芥菜、南杏、北杏洗净，杏稍浸泡；猪肺冲洗干净。把杏、猪肺与生姜放入砂锅内，加入清

水 2 500 毫升，先用大火煮沸后改用小火炖 2 小时，再加入芥菜及盐、味精煮沸即成。

【用法】适量食用。

【功效】具有美容养颜之功效。

### 5. 杏仁拌豌豆

【组成】豌豆 300 克，杏仁 50 克，盐 3 克，味精 2 克，香油 10 克。

【做法】第一步：将豌豆放入锅中，加水煮熟，捞出，冲凉，沥水放入盘内。第二步：杏仁洗净，沥水，也放在豌豆盘内，加入精盐、味精、香油，搅拌均匀即可。

【用法】适量食用。

【功效】具有提高机体抗病能力、美容护肤之功效。

## 外用方 >>

### 1. 杏仁蛋白面膜

【组成】杏仁 30 克，蛋清适量。

【做法】把杏仁去皮，研成末，加蛋清混合，调匀即可。

【用法】先用温水洗净面部，再将面膜敷于面部，15 分钟后，用温水洗净面部即可。

【功效】此面膜具有美白肌肤、

收缩毛孔之功效。

延缓衰老之功效。

### 2. 杏仁龙眼面膜

### 3. 杏仁粉面膜

【组成】杏仁粉20克，龙眼30克，蜂蜜适量。

【做法】将龙眼去壳及核，放入搅拌机中搅成泥状，再加入杏仁粉和蜂蜜，搅拌均匀即可。

【用法】清洁脸部肌肤后，将调好的面膜均匀地涂抹于脸部和唇部，15~20分钟后，用温水洗净面部即可。

【功效】此面膜具有抗皱紧肤、

【组成】杏仁粉60克，盐适量。

【做法】将杏仁粉与盐混合，加入适量的清水，搅拌成泥状即可。

【用法】清洁脸部肌肤后，将调好的面膜均匀地涂抹于脸部和唇部，15~20分钟后，用温水洗净面部即可。

【功效】此面膜含有大量的低脂蛋白，具有滋养肌肤、收敛肌肤之功效。

# 柚子 不二之选的护肤佳品

柚子也叫文旦、香栾、朱栾、雷柚等，是芸香科植物柚的成熟果实。柚子清香、酸甜、凉润，不仅营养丰富，而且药用价值很高，也是人们最喜爱的水果之一。

## 营养分析

柚子富含维生素、蛋白质、粗纤维、钙、磷、铁、胡萝卜素等人体所必需的营养元素。其中，维生素 C 含量比梨高 10 倍，钙含量也很高。柚子的果肉中含有类似于胰岛素的成分——铬，可降低血糖。柚子中的维生素 C 和胡萝卜素，可保护肝脏，促进肝细胞再生。同时，柚子还含有天然叶酸，可预防贫血发生和促进胎儿发育。

## 美容原理

柚子所含的热量极低，并且含有丰富的果酸，可有效刺激胃肠黏膜，从而影响营养物质的吸收，抑制食欲。除此之外，柚子含有特殊氨基酸，可抑制胰岛素分泌，从而抑制血糖在肝脏中转化为脂肪。

柚子富含蛋白质、有机酸、维生素以及钙、磷、镁、钠等人体必需的元素，可有效改善长青春痘的肤质。

柚子富含纤维和维生素 C，能帮助消化、调理胀气、分解油脂、改善便秘、清理肠道毒素之功效。

实践篇 藏在水果里的美容方

柚子中所含的维生素P，能起到加快受伤皮肤组织恢复的作用，有养颜美容、美白肌肤的功效。

## 食用宜忌

柚子有助于消化，适合消化不良者食用。柚子可理气化痰，适宜慢性支气管炎、咳嗽、痰多气喘者食用。

由于柚子性凉，所以气虚体弱、脾虚泄泻、身体虚寒的人不宜多食；柚子有滑肠之效，所以腹部寒冷、常患腹泻者也应该少吃柚子。

另外，柚子不能与某些药品同服。在服用降压药的时候吃柚子，可产生血压骤降等反应，所以，高血压患者在服降压药期间忌食柚子；服避孕药的女性和服抗过敏药的人群也不要吃柚子。

柚子中含有大量的钾元素，肾病患者最好不要吃或者在医师的指导下食用。

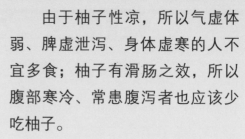

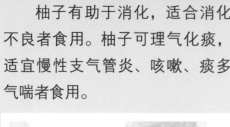

## 精挑细选

一掂重量。同样大小的柚子，较重的那个所含水分较多，味道较甜。

二按外皮。按压柚子果皮，不易按下的柚子果实饱满，质量好，而容易下陷的柚子质量较差。

三观外形。上尖下宽、底部扁圆、颈短底平的柚子较好。

四看颜色。柚子颜色呈淡黄色或者橙黄色的，成熟度高，汁多味甜，是优质的柚子。

# 美容妙用

内食方 >>

### 1. 柚皮扣肉

【组成】柚皮 40 克，五花肉 500 克，甜酒、精盐、酱油、豆豉各适量。

【做法】第一步：先将五花肉煮至八成熟，取出；在五花肉上涂上甜酒，放入锅中稍煎，加入开水煮 1 分钟，取出，放凉，切片即可。第二步：将柚皮切片，夹在肉片中间，均匀地撒上精盐、酱油、豆豉，放入炖盅，上蒸笼蒸至软烂即可。

【用法】及时食用。

【功效】具有化解油腻、美容护肤之功效。

### 2. 柚皮炖橄榄

【组成】柚皮 15 克，橄榄 30 克。

【做法】第一步：将柚皮洗净，切碎，放入锅内加水 700 毫升，煮熟后去渣留汁，约 500 毫升。第二步：放入洗净的橄榄，置陶瓷盛器内，倒入柚皮水，用旺火蒸至橄榄熟透，即可。

【用法】随意服用。

【功效】具有和中安胃、降逆止呕、美容养颜之功效。

### 3. 蜂糖贝母柚

【组成】柚子皮 1 个，川贝母 10 克，蜂蜜和饴糖适量。

【做法】将柚皮洗净，剥去内层的白瓤，将皮切碎，加川贝母、蜂蜜和饴糖，入锅蒸烂后密闭储存。

【用法】每天加少量热黄酒内服，早晚各 1 次，每次 1 匙。

【功效】具有下气消食、止咳化痰、镇呕止呃、润肠通便之功效。

### 4. 柚皮鲶鱼盅

【组成】柚子皮 1 个，鲶鱼 800 克，盐、味精各适量。

【做法】用水果刀把柚子皮刻划成五六瓣，向四面剥开（注意保持柚子皮完整），取出柚子果肉。将鲶鱼清理干净，放入柚子皮中，合拢柚子皮，用牙签将刀口处重新固定好，制成鲶鱼盅。将做好的鲶鱼盅放到大碗里，加入适量水以及盐和味精，放到锅里蒸熟即可。

【用法】适量食用。

【功效】具有理气、化痰、止咳、平喘之功效，有助于保持良好气色。

## 外用方 >>

### 1. 柚子皮沐浴液

【组成】柚子 1 个，乳酸 0.5 毫升，柠檬酸 0.5 克，硼酸 8 克，酒精 40 毫升，甘油 40 毫升。

【做法】将柚子皮切成丝放进烧杯中，加入适量的乳酸、硼酸、柠檬酸，再加入适量的清水，放在火上煮 10 分钟。滤掉果渣，继续煮半个小时，冷却之后加入少量的酒精和甘油即可。

【用法】做沐浴液使用。

【功效】具有护肤、美肤之功效。

### 2. 柚子去角质面膜

【组成】柚子 1/4 个，燕麦粉 1 大匙。

【做法】先将柚子挤压出汁，去籽，再将柚子加入燕麦粉中搅拌均匀即可。

【用法】用清水洗净面部，将面膜涂抹在脸部，20 分钟后，用水洗净面部即可。

【功效】具有去角质的作用。

### 3. 芹菜柚子面膜

【组成】芹菜少许，柚子 1 个。

【做法】将芹菜和柚子（去皮，切块）放入榨汁机中榨成泥即可。

【用法】先用清水洗净面部，用面膜纸蘸上混合汁液后敷在面部，15 分钟后，用清水洗净面部即可。

【功效】具有去除油脂、紧致肌肤、平衡代谢的功效。

## 梨　美容水果中的"全科医生"

梨，别名快果、玉乳等，是蔷薇科梨属植物的成熟果实。梨的表皮多为金黄色或暖黄色，果肉为白色，口味甘甜，鲜嫩多汁。

梨既可食用，又可入药，有"百果之宗""天然甘露饮"之美誉。

梨的种类众多，如皇冠梨、鸭梨、雪花梨、苹果梨等都是大家非常熟悉的品种。

### 营养分析

梨富含蛋白质、脂肪、钙、磷、铁和葡萄糖、果糖、苹果酸、胡萝卜素及多种维生素，对人体健康有着重要作用。

梨是治病的良药。民间常用冰糖梨水治疗咳喘。梨还有降血压的作用，高血压患者适合吃梨。

研究发现，多吃梨比少吃梨的人患感冒的概率低，所以梨还被称作"全科医生"。此外，梨皮、梨树叶、梨花、梨树根均可入药，具有润肺、清热、解毒的功效。

### 美容原理

梨富含维生素C，具有滋养肌肤和修复受损肌肤的功效，尤其适合于容易过敏及晒伤的皮肤。同时，梨所含的糖类物质和多种维生素，易被人体吸收，促进食欲，对肝脏有保护作用。

美国营养学家研究发现，梨中富含的膳食纤维有利于降低人体胆固醇含量，可有助于减肥。

### 食用宜忌

梨具有清热、润肺、消痰、清火、解毒等功效，对咳嗽痰稠或无痰、咽喉发痒干疼者，以及慢性支气管炎、肺结核患者和宿醉者有很好的疗效。

梨性寒，多吃会伤脾胃，所以脾胃虚寒、消化不良者，以及血虚、畏寒、腹泻、手脚发凉的患者应少吃为宜。吃梨时饮用热水或者吃油腻食物会导致腹泻。梨的含糖量高，糖尿病患者应该谨慎食用。

### 精挑细选

一看梨皮。一般来讲，表皮薄的梨，质量和口感比较好；而表皮较厚的梨，果肉粗糙，水分不足。

二看梨脐。如果梨脐比较深，且光滑、有规则，说明梨的质量较好。

三看外形。不要选择形状不规则、表面斑痕较多的梨，因为这种梨味道涩。而大小适中、外形规则的梨，口感较好，水分充足，香甜可口。

实践篇 藏在水果里的美容方

## 美容妙用

内食方 >>

### 1. 冰糖银耳雪梨

【组成】冰糖120克，雪梨1个，银耳20克。

【做法】雪梨洗净，带皮切成块，去核，切成10块即可；银耳洗净，用水泡发。把雪梨块、冰糖、银耳放入盛有冷水的锅中，大火煮沸后，小火煲一个半小时即可。

【用法】可及时饮用，亦可冷藏后饮用。

【功效】具有润肺去火、美容养颜之功效。

### 2. 玉竹美容梨

【组成】玉竹10克，鸭梨1只。

【做法】将鸭梨的尖端削成一个盖状，挖去梨核后装入玉竹，并用牙签固定梨盖。将梨放入炖盅内，再将炖盅放入锅内，加3杯水，隔水炖熟即可食用。

【用法】饮汤食梨。

【功效】具有润泽、美白肌肤之功效。

### 3. 川贝蒸梨

【组成】梨1个，川贝母3克，冰糖适量。

【做法】将梨去核，川贝母研成粉末，取冰糖适量，一并放入梨中，封好，蒸熟即可。

【用法】分2次服食。

【功效】具有清热润肺、滋润肌肤之功效。

### 4. 猪肉煲雪梨

【组成】瘦猪肉500克，雪梨240克，无花果200克。

【做法】将雪梨连皮洗净，每个切4块，去核；无花果洗净；猪肉洗净，切块。把全部用料放入锅内，加清水适量，大火煮沸后，小火煲2小时即可。

【用法】调味食用。

【功效】具有清热润燥、生津止渴之功效。

### 5. 川贝梨炖猪肺

【组成】雪梨2个，川贝母15克，猪肺40克，冰糖适量。

【做法】将雪梨切成小块；猪肺洗净，切成小块；川贝母洗净。将上述材料一并放入砂锅内，加适量冰糖和清水，先用武火煮沸，再用文火炖煮3小时左右即可。

【用法】吃雪梨、猪肺，喝汤。

【功效】具有一定的美容功效。

### 6. 香蕉梨汁

【组成】香蕉1个，梨1个，蜂乳适量。

【做法】将香蕉去皮，切成薄片；梨洗净、去皮，切成小丁。将香蕉片、梨丁放入容器中，倒入蜂乳和适量的凉开水，放入榨汁机中榨汁。

【用法】及时饮用。

【功效】具有生津止渴、清肺养肺、保湿补水之功效。

外用方 >>

### 1. 苹果梨美容面膜

【组成】苹果1个，梨1个，脱脂棉适量。

【做法】将苹果和梨洗净切块，放入榨汁机中榨汁，倒入杯中即可。

【用法】先用温水洗净面部，再将脱脂棉浸入果汁中，把脱脂棉铺在脸上（在头下方放一条毛巾接滴下来的果汁），10分钟后，用清水洗净面部，敷上薄薄一层保湿霜即可，每周2~3次。

实践篇 藏在水果里的美容方

【功效】具有美白、滋养肌肤之功效。

## 2. 梨汁柠檬面膜

【组成】梨1个，柠檬1个，蜂乳适量。

【做法】把梨和柠檬榨汁，加入适量蜂乳，搅匀即可。

【用法】先用温水洗净面部，再用面膜擦拭面部或者贴敷在脸上，15分钟后，用清水洗净面部。

【功效】具有美白祛斑、去油滋润之功效。

## 3. 柠檬梨面膜

【组成】梨1个，柠檬1个。

【做法】第一步：先将梨洗净，去皮、去核，磨制成泥，备用。第二步：将柠檬洗净，榨成汁备用。第三步：将柠檬汁倒入梨泥里，搅拌均匀即可。

【用法】先用温水洗净面部，再将柠檬梨泥均匀地涂抹在脸上，15分钟后，用清水洗净面部即可。

【功效】此面膜具有祛除油性皮肤油垢，使肌肤嫩滑之功效。

# 李子 抗衰老、防疾病的"超级水果"

李子，又被称作嘉庆子、布霖、玉皇李、山李子等。李子果实饱满圆润，味道酸甜，营养丰富，可净血补血，是最受人们欢迎的水果之一。

## 营养分析

李子富含糖、蛋白质、脂肪、胡萝卜素、维生素 B$_1$、维生素 B$_2$、维生素 C，以及烟酸、钙、磷、铁、天门冬素、谷酰胺、丝氨酸、甘氨酸、脯氨酸、苏氨酸、丙氨酸等营养成分。

李子味酸，能促进胃酸和胃消化酶的分泌，并能促进胃肠蠕动，因而有改善食欲和促进消化的作用，尤其对胃酸缺乏、食后饱胀、大便秘结者有效。新鲜李子肉中的丝氨酸、甘氨酸、脯氨酸等氨基酸，具有利尿消肿的功效，对肝硬化有辅助治疗的作用。李子中抗氧化剂含量很高，堪称抗衰老、防疾病的"超级水果"。

此外，李子仁富含苦杏仁甙和脂肪油，可利水降压，同时亦可促进肠道蠕动，利于排便，还具有止咳祛痰的作用。

## 美容原理

李子中抗氧化剂的含量很高，在对抗人体衰老以及预防疾病方面具有很好的效果。如果将李子

研制成粉末洗脸，能够使人面色
润泽，去除脸上的粉刺、黑斑等。
李子美味多汁，具有清肝去热、
活血通络的作用，还有美颜乌发
的功效。

　　此外，李子的花朵也具有
美容养颜的功效。《本草纲目》
记载，如果用李子的花朵做面
膜，可以"去粉滓黑䵟""令
人面泽"，对汗斑、脸部黑斑
等有不错的疗效。

## 食用宜忌

　　一般人群均可食用李子，
尤其适合发热、口渴、肝腹水
病人，以及慢性肝炎、肝硬化
等人群食用。

　　食用李子也有禁忌。首先，
李子不能吃得太多，食用过量易
生痰湿，损伤脾胃，所以，脾虚
痰湿者及小儿都应该少吃。其次，
李子含许多果酸，溃疡病及急、

慢性胃肠炎患者应忌食。再次，李子如果同蜜及雀肉、鸡肉、鸡蛋、鸭肉、鸭蛋一起食用，容易损伤人体的五脏。

### 精挑细选

一看颜色。果皮光亮、半青半红的李子比较好。

二辨外形。小而圆、表面光滑的李子质量好，而表面粗糙、奇形怪状的李子质量较差。

三捏硬度。用手捏一捏李子，果肉结实、软硬适中的李子比较好。如果感觉很硬，则李子尚未成熟；如果捏起来很软，表明李子放置时间太长，即将腐烂。

四尝味道。如果咬一口感觉汁液饱满，酸甜可口，是比较好的李子；如果有苦涩感，则说明李子不太好。

## 美容妙用

**内食方 >>**

### 1. 李子果汁

【组成】李子500克,冰糖120克,清水1000克。

【做法】李子用淡盐水浸泡,烧一锅开水,将李子放入,焯水30秒后捞出,沥水;用刀子划"十"字,扒掉果皮,将去皮的李子放入锅内,加入适量的清水和冰糖,熬煮大约10分钟,关火。取出李子的果肉,果汁晾凉,装瓶,放入冰箱冷藏即可。

【用法】随时饮用。

【功效】具有促进胃肠蠕动、改善食欲、润滑肌肤之功效。

### 2. 柠檬李子

【组成】李子1000克,食盐30克,白糖400克,柠檬香精20滴,柠檬酸0.2克,冷水500毫升。

【做法】将李子洗净,用小刀在表层纵向划5~8道;将李子和食盐一同放入盆中,搅拌均匀,腌渍2天,使果肉中的水分析出。将李子漂洗干净,减轻咸味,倒

入锅中,用大火煮沸后,捞出沥水。将白糖(300克)、冷水、李子和柠檬酸(0.1克)一同放入锅中,置于大火上煮沸后改用小火煮25~30分钟,离火后糖渍1天;然后加入白糖(100克)、柠檬酸(0.1克),用小火煮15~20分钟,待糖液收浓后,即可离火。将煮好的李子连同糖液一起浸泡4~5小时;将李子捞出,放在竹屉上沥干糖液,晾晒1天(至不粘手为止)。

【用法】食用前,滴入柠檬香精搅拌均匀即可。

【功效】具有清肝解热、养颜护肤之功效。

### 3. 紫沙果酿

【组成】李子3个,葡萄200克,苹果1/2个,柠檬1/4个。

【做法】将李子洗净,切成4块;柠檬肉切成小块;苹果洗净,去皮、去核,切成小块;葡萄洗净。将四种水果放入榨汁机中榨汁即可。

【用法】适量饮用。

【功效】紫沙果酿富含叶酸、维生素等成分,能够促进肠胃消化,加速体内废弃物排出,起到美肤

养颜之功效。

## 4. 李子蛋黄汁

【组成】李子 60 克，蛋黄 1 个，白糖适量，蜂蜜 25 毫克。

【做法】第一步：将李子洗净，去核；将鸡蛋打开，取出蛋黄。第二步：将李子、蛋黄、白糖、蜂蜜、凉开水放入榨汁机中榨汁，20 秒后倒入杯中即可。

【用法】适量饮用。

【功效】具有清肝热、活血脉之功效，尤其适用于心血不足、失眠烦热者。

## 外用方 >>

## 1. 李子仁面膜

【组成】李子仁 15 克，鸡蛋 1 个。

【做法】将李子仁研成细末；将鸡蛋打入碗中，取鸡蛋清；将鸡蛋清调入李子仁末中，搅拌均匀即可。

【用法】每晚睡前敷脸，翌晨用清水洗去。

【功效】具有祛除黄褐斑、黑斑之功效。

## 2. 李子杏仁油

【组成】李子 6 个，杏仁油 1 匙。

【做法】第一步：将李子洗净，倒入锅中煮熟，捞出晾干。第二步：将李子去内核，压成泥，与杏仁油混匀即可。

【用法】先用水清洗面部，再将李子杏仁油均匀地涂抹于面部，10 分钟后，用清水洗净面部即可。

【功效】此面膜具有去除面部油脂及粉刺的功效。

## 柠檬  皮肤美白的圣品

柠檬是芸香科木本植物黎檬的成熟果实，又称宜檬、黎檬子、宜母果、药果等。

柠檬一般不生食，而是加工成饮料或食品。如柠檬汁、柠檬果酱、柠檬片、柠檬饼等。

除了强身健体的功效之外，柠檬亦是一种有美容价值的水果，不但有美白的功效，而且其独特的果酸成分更可软化角质层，令肌肤变得美白而富有光泽。

### 营养分析

柠檬富含维生素C、糖类、钙、磷、铁、维生素 $B_1$、维生素 $B_2$、烟酸、奎宁酸、柠檬酸、苹果酸、橙皮苷、柚皮苷、香豆精、高量钾元素和低量钠元素等，对人体十分有益。其所含的维生素C能促进人体细胞间质的生成，维持人体组织器官正常的生理机能。

柠檬含有丰富的有机酸，但是柠檬却是碱性食物，这是因为柠檬富含高量的钾元素和一定量的钠元素，对调节人体的酸碱平衡有很好的作用。

另外，柠檬本身带有的香气，可以消除肉类、水产的腥膻之气，且柠檬可增加胃肠蠕动、促进胃

中蛋白分解酶的分泌，所以柠檬经常被用来制作凉菜等。

柠檬汁可防治肾结石。这是因为柠檬汁中所含的柠檬酸盐很多，而柠檬酸盐能够有效抑制钙盐结晶生成，防止形成肾结石。对于已经形成的结石，柠檬酸盐则能使其溶解。此外，柠檬还可收缩、增固毛细血管，降低通透性，提高凝血功能及血小板数量，在预防、治疗高血压和心肌梗死，以及防治心血管疾病等方面有一定的作用。

## 美容原理

柠檬所含的维生素 $B_1$、维生素 $B_2$ 等多种营养成分，可促进肌肤新陈代谢，延缓衰老。

柠檬所含的柠檬酸，对预防和消除皮肤色素沉着等十分有效，是天然的美容佳品。

柠檬可生津解暑，开胃醒脾，还可祛痰。夏季天气湿热，容易生痰，这时用柠檬汁加温水和少量食盐，可有效消除夏季痰多或者咽喉不适。

**实践篇** 藏在水果里的美容方

柠檬所含的维生素C具有抗菌消炎、增强人体免疫力等功效。

## 食用宜忌

柠檬生津、解暑、开胃，所以暑热口干烦躁、消化不良者可以适量食用；柠檬具有良好的安胎止呕功效，胎动不安的孕妇适宜食用；高血压、心肌梗死患者食用柠檬也是比较适宜的，因为柠檬可起到保护血管、改善血液循环的效果；缺乏维生素C的人群以及肾结石患者，食用柠檬也是大有好处的。

由于柠檬味道极酸，所以胃酸分泌过多，胃溃疡或十二指肠溃疡的患者应忌食。同时，柠檬的酸味很容易伤到牙齿，因此牙痛、龋齿者不宜食用。此外，糖尿病患者也不宜食用。

## 精挑细选

一观颜色。优质柠檬看起来个头中等，果形椭圆，两端均突起而稍尖，似橄榄球状。人们挑选柠檬时，比较喜欢黄色的，认为黄色好看又好吃。其实，皮绿的柠檬没有喷过保鲜剂，所以最好选择绿色的柠檬。

二看果蒂。如果柠檬的果蒂是绿色的，说明柠檬比较新鲜；如果果蒂是枯黄色的，则说明柠檬不新鲜了。

三闻气味。优质成熟的柠檬会散发出浓郁的芳香味。

四看手感。选择手感重，表皮光滑且薄的，这样的柠檬果汁含量高。

# 美容妙用

内食方 >>

### 1. 薄荷柠檬茶

【组成】薄荷适量，柠檬 1/2 个，冰糖少许。

【做法】薄荷洗净，放入壶中，冲入适量热水，加入冰糖搅拌均匀。将柠檬切片，放入薄荷茶中，放凉后放入冰箱冷藏。

【用法】及时饮用。

【功效】具有疏风、散热、解毒，预防色斑、青春痘之功效。

### 2. 柠檬蜂蜜汁

【组成】柠檬 3 个，蜂蜜 400 克，食盐 5 克。

【做法】柠檬先用盐搓，再用水洗净外皮，晾干、切片。将柠檬片放进干净无水的广口玻璃瓶内，并加入蜂蜜后拧紧盖子，24 小时后即可。

【用法】每次 2 勺，用温开水送服。

【功效】具有防治雀斑之功效。

### 3. 柠檬蜂蜜冷红茶

【组成】红茶 4 克，清水 200 毫升，鸡蛋 1 个，蜂蜜 20 克，白砂糖 40 克，柠檬汁 20 毫升。

【做法】按热红茶泡制法制取红茶汁 190 毫升；将蛋黄和蛋清分开，在蛋黄中加入蜂蜜，搅匀，再加入红茶汁，一起搅拌均匀，然后滴入柠檬汁，搅拌均匀。蛋清和白砂糖一起搅打成奶油状，注入红茶混合液中即可。

【用法】及时饮用。

【功效】具有提神健身、排毒养颜之功效。

### 4. 柠檬番茄汁

【组成】番茄 2 个，柠檬 2 个，蜂蜜适量。

【做法】番茄洗净后去皮及蒂，切成块状；柠檬洗净去皮，切成小丁。将番茄、柠檬放入榨汁机中榨汁，将榨好的果汁倒入杯中，再加入蜂蜜即可。夏季加入冰块，口感更好。

【用法】及时饮用。

【功效】具有预防色斑之功效。

### 5. 蜂蜜苦瓜柠檬汁

【组成】苦瓜 50 克，柠檬 30 克，洋槐花蜂蜜 10 克。

实践篇 藏在水果里的美容方

【做法】柠檬去皮，切小块；苦瓜对切两半，去籽，切小块。将苦瓜和柠檬放入榨汁机中榨汁，加入蜂蜜调匀即可。

【用法】适量饮用。

【功效】具有美白、润肤、解毒、通便之功效。

外用方 >>

### 1. 柠檬面膜

【组成】柠檬汁适量，水50毫升，面粉3匙。

【做法】将柠檬汁加水稀释，放

入面粉，搅成糊状即可。

【用法】先用温水洗净面部，然后将面膜均匀地涂于面部，10分钟后，再用清水洗净面部即可，每周1~2次。

【功效】具有美白皮肤之功效。

## 2. 柠檬浴

【组成】鲜柠檬2个。

【做法】将鲜柠檬切碎，用消毒纱布包扎成袋备用。

【用法】先将柠檬放入浴盆内加冷水浸泡20分钟，再加入热水，使水温保持在38℃~40℃，然后用柠檬水沐浴并洗脸，时间10分钟为宜。如果是油性皮肤，沐浴后要及时涂抹润肤霜，这样可以祛除更多的油脂。

【功效】具有清除皮肤表面的汗液、异味，以及润泽肌肤的功效。

## 3. 柠檬小麦粉美白面膜

【组成】柠檬汁适量，水50毫升，小麦粉3茶匙。

【做法】在小麦粉中加少许柠檬汁和清水，搅拌均匀即可。

【用法】先用温水洗净面部，然后取适量面膜涂于面部（避开眼部四周的皮肤），10分钟后，再用清水洗净面部即可。

【功效】具有美白皮肤之功效。

# 芒果 热带水果之王

芒果，又名檬果、漭果、闷果、蜜望、望果、庵波罗果等。芒果的外形，有的为圆形，有的为鸡蛋形，还有的为肾形或者心形。其果皮的颜色较常见的有浅绿色、黄色、深红色，果肉为黄色。

芒果的果肉有香气，味道酸甜可口，汁水较多，富含纤维，果核也比较大。

芒果原产于热带地区，可以说集热带水果精华于一身，颇受人们的欢迎。

## 营养分析

芒果色、香、味俱佳，营养丰富，富含蛋白质、脂肪、碳水化合物及糖类，还含有丰富的维生素 A、维生素 B、维生素 C，且以维生素 A 含量最高。此外，还含有少量的钙、磷、铁及其他矿物质。

## 美容原理

现在很多女性因为肥胖而苦恼，从中医的角度来讲，

"湿""痰""水滞"是导致肥胖的病因，而芒果具有化痰、健脾胃、利尿的功效，因而芒果是减肥的佳果。芒果中含有多种矿物元素，维生素含量也很高，营养丰富，具有清肠胃、抗癌、美化肌肤等功效。

芒果的胡萝卜素含量特别高，对视力十分有益，能润泽肌肤，是爱美女性青睐的美容佳果。

## 食用宜忌

芒果营养丰富，但是也不宜大量进食，过量食用芒果会使皮肤发黄，并对肾脏造成损害。

芒果不宜与海鲜同食，因为芒果和海鲜都是容易过敏的食物，一同食用更容易过敏，而且也不利于消化。

芒果叶和芒果汁会引起过敏，过敏体质者食用的时候，最好将果肉切成小块，直接送入口中，不要接触皮肤。

芒果不能与大蒜同食。因为芒果中含有刺激性物质比较多，而大蒜是辛辣性食物，两者同食对肾脏有害。

芒果性质带湿毒，皮肤病或肿瘤患者应忌食；肾炎患者应该少食。此外，糖尿病、肠胃虚弱、消化不良、感冒以及风湿病患者也不宜食用。

## 精挑细选

一观色泽。我们知道芒果大多以金黄色为主，所以金黄色是大部分芒果成熟的标志。但是，有的芒果成熟后也并非黄色，如红芒，一般是红色的时候就成熟了。

二按果肉。轻轻按压果皮，如果有弹性，则是成熟的芒果；如果太柔软，表示芒果过熟了。

三看外皮。好的芒果，外皮完好，光滑度适中，皮薄。

四闻气味。成熟的芒果有淡淡的芒果香味，还没熟透的芒果香味不易被察觉。如果有腐烂的味道，则说明芒果坏了，不要购买。

# 美容妙用

**内食方 >>**

### 1. 芒果奶昔

【组成】芒果1个，纯牛奶1袋，炼乳40克。

【做法】第一步：芒果去皮及核，切成小丁，放入冰箱冷藏一会儿。第二步：牛奶事先放到冰箱里冰镇一下，这样口感会更好。第三步：将芒果的果肉和冰镇牛奶倒入果汁机里，再加入炼乳，用果汁机打1分钟即可。

【用法】适量食用。

【功效】具有生津止渴、美容养颜的功效。

### 2. 芒果西米露

【组成】芒果1个，西米100克，冰激凌1个，牛奶250克，白砂糖20克。

【做法】第一步：锅中放入足量的水烧开，倒入西米，搅拌几下，煮开，转文火继续煮20分钟，关火，焖10分钟。捞出西米，过凉水，放入冰箱冷藏。第二步：芒果去皮，切成丁。将牛奶、芒果丁、白砂糖、冰激凌放入搅拌机中，搅拌均匀，即成芒果奶昔。第三步：取出冷藏的西米，将芒果奶昔倒入西米中，搅拌均匀即可。

【用法】及时食用，冷藏风味更佳。

【功效】具有养颜护肤之功效。

**实践篇 藏在水果里的美容方**

### 3. 芒果牛奶汁

【组成】芒果丁2杯，鲜奶2杯，凉开水1/2杯，糖少许。

【做法】将所有材料放入果汁机中打成汁即成。

【用法】及时饮用，可酌加冰块食用。

【功效】具有美容养颜之功效。

### 4. 优酪芒果汁

【组成】芒果丁2杯，优酪乳2杯，凉开水2杯，糖少许。

【做法】将所有材料放入果汁机中打成汁即成。

【用法】及时饮用，可加冰块食用。

【功效】具有减肥瘦身、润泽肌肤的功效。

### 5. 冰糖芒果茶

【组成】冰糖20克，芒果50克。

【做法】第一步：将芒果洗净，去果蒂，去果核，连皮切成片。第二步：锅置火上，放入芒果片和冰糖，加入适量清水，用中火煎煮20分钟，滤取汁液即可。

【用法】适量饮用。

【功效】具有舒筋活络、软化血管之功效。

### 1. 芒果美白面膜

【组成】新鲜芒果 2~3 个，天然维 E 胶囊 1 粒，鸡蛋清 1 份。

【做法】将芒果去皮及核，放进果汁机中榨汁；然后打开维生素 E 胶囊，将其粉末倒入芒果汁中，再加入蛋清搅拌，调制成糊状即可。

【用法】先用温水清洁脸部，再将调好的面膜均匀地涂抹于脸部，20 分钟后，用温水洗净面部即可。

【功效】具有很好的美白功效，能滋润干燥肌肤，缓解肌肤粗糙感，补充肌肤所需要的营养。

### 2. 芒果蜂蜜牛奶泥

【组成】芒果 1 个，牛奶 50 克，蜂蜜少许。

【做法】第一步：将芒果去皮，去核，切成小块，捣成泥状。第二步：加入适量牛奶和蜂蜜，混合均匀即可。

【用法】先用温水清洁脸部，再将调好的面膜均匀地涂抹于脸部，20 分钟后，用温水洗净面部即可。

【功效】此面膜富含维生素，经常使用能让肌肤细胞充满活力，有效排除毒物，促使其吸收水分，让肌肤晶莹水嫩。

### 3. 芒果片

【组成】芒果 1 个。

【做法】将芒果去皮、去核，切片。

【用法】先用温水清洁脸部，再将芒果片贴于面部，20 分钟后取下，用温水洗净面部即可。

【功效】芒果所含的营养素能有效清除皮肤表面的死皮，缓解面部红肿症状，从而让皮肤变得细腻嫩滑。

## 柿子 秋冬两季的美颜果品

柿子，又名猴枣，原产于中国。它是柿树科柿树属植物的成熟果实。成熟的柿子色泽美丽，味甜多汁，营养丰富，素有"晚秋佳果"的美称。柿子品种繁多，以色泽划分，可分为红柿、黄柿、青柿、朱柿、白柿、乌柿等；以果形划分，可分为圆柿、长柿、方柿、葫芦柿、牛心柿等。

### 营养分析

柿子富含糖、维生素C、纤维素、钙、胡萝卜素和蛋白质，以及铁、碘等微量元素。柿子所含维生素C和糖分比一般水果高很多，据测定，如果一个成年人一天吃一个柿子，所摄取的维生素C足以满足一天需要量的一半。

### 美容原理

柿子是秋冬季节的美颜水果。它富含的β胡萝卜素，不仅具有抗氧化作用，还能清除身体中的活性氧，延缓衰老。柿子所含的维生素和矿物质，具有排除体内多余水分、清除黑色素的功效。

### 食用宜忌

柿子营养丰富，适合一般人群食用，尤其适合脾胃消化功能

正常的人食用。

　　但是，患有糖尿病、缺铁性贫血、气虚、胃炎的病人，以及体弱多病者、病后初愈者、产后妇女等最好不要吃柿子。

　　食用柿子时要注意以下几点：一般而言，成人每天最好吃 1 个中等大小的柿子；不空腹吃柿子；尽量少吃柿子皮。此外，不要将柿子与含高蛋白的蟹、鱼、虾等海产品及红薯同吃。

### 精挑细选

　　一看大小。一般情况下，个头大的柿子，汁多、肉多；而个头小的柿子有柿子味。因此，干吃最好选小柿子，生吃最好选大柿子。

　　二看颜色。红色的柿子比较成熟，而黄色的柿子则没有熟透。

　　三捏软硬。好的柿子一般不会太硬也不会太软，过软的柿子可能果肉坏掉了，而过硬的柿子则可能是生的。

　　四看外皮。外皮有光泽、无斑点、无裂口的柿子质量好。

　　五看果蒂。如果果蒂翠绿、饱满，那么柿子则较新鲜，反之则不新鲜。

# 美容妙用

内食方 >>

### 1. 柿子汁

【组成】新鲜柿子若干。

【做法】将柿子洗净，去皮，放进榨汁机中榨汁即可。

【用法】每日饮用半杯（不超过100 克），用米汤调服。

【功效】具有降压、减肥之功效。

### 2. 青柿桑枝水

【组成】新鲜柿子 1 个，桑枝30 克。

【做法】将柿子洗净，与桑枝一起放进锅里用水煎即可。

【用法】每日喝 1~2 杯，连服 1 周。

【功效】具有美容祛斑、减肥之功效。

### 3. 柿叶茶

【组成】柿子叶少许。

【做法】将柿子叶洗净，放入锅里，加水煎煮 15 分钟，滤取汁液。

【用法】每日喝 1~2 次，连服 2 周。

【功效】具有减肥之功效。

### 4. 柿子美容醋

【组成】新鲜柿子适量。

【做法】柿子洗净，除去萼片，放入密封的容器内发酵，15天左右开封一次，排出容器内二氧化碳气体，密封后继续发酵；7天后取出，滤取沉淀物，放入另一密封容器内发酵，得到不透明的醋液，经过过滤即可食用。

【用法】适量食用。

【功效】具有去除黑眼圈、美容、延缓衰老之功效。

### 5. 柿子皮消疔霜

【组成】干柿子2个。

【做法】刮下柿子上的白色粉末。

【用法】直接食用或用水化开服用即可。

【功效】干柿子上的白霜是柿子在晾晒过程中发酵脱涩所分泌出来的柿子霜。它含有珍贵的甘露醇，能帮助皮肤消炎镇痛，清除热毒，进而起到保湿、美白的功效。

### 外用方 >>

### 1. 柿子美容面膜

【组成】熟透的柿子1个。

【做法】切开柿子，用匙羹挖出柿肉，捣匀即可。

【用法】敷眼10分钟后，用湿毛

**实践篇** 藏在水果里的美容方

巾擦净眼周皮肤，早晚各1次。

【功效】具有去黑眼圈、美容之功效。

### 2. 柿子皮

【组成】鲜柿子1个。

【做法】第一步：揉捏柿子，使其果肉呈胶状，但不要弄破柿子。第二步：用吸管吸出柿子里的果浆，然后用剪刀剪开，分成两片果皮备用。

【用法】先用湿毛巾湿润眼部，再将柿子有果肉的一面敷于眼部，轻轻按摩，但不要让汁液进入眼睛，10分钟后取下柿子皮，用湿

毛巾擦干即可。

【功效】具有祛除眼袋的功效。

### 3. 柿子叶膏

【组成】柿子叶30克，凡士林20克。

【做法】将柿子叶研成细末，加入20克凡士林，调成膏状即可。

【用法】睡前，先用温水将面部洗净，然后均匀地涂抹一层柿子叶膏，第二天清晨，用温水洗净面部即可。

【功效】柿子叶膏具有祛除黄褐斑、老年斑、晒斑之功效，经常敷用可以使面部细嫩光滑。